フットパス
による
まちづくり

地域の小径を楽しみながら歩く

神谷由紀子＝編著

水曜社

俊輔、奈央子そして、亡き父に捧ぐ

目次

はじめに

第1章 フットパスとは何か……………………………… 11

フットパスを知る ……………… 13
イギリスで生まれたフットパス
イギリスとはちょっと違う日本のフットパス
フットパスに内在するまちづくりの力
どんなまちでもできるフットパス
「日本フットパス協会」の設立

フットパスは新しい社会の象徴 ……………………… 19
フットパスが導く新しいまち
震災を超えて──新しい価値観によるまちづくり

多摩丘陵フットパス──町田市小野路町 ……………… 23
多摩丘陵フットパスの誕生と「みどりのゆび」
フットパス・コースをつくる
地元の協力を得る
みるみるうちに活性化した小野路
地方自治の原点

第2章 各地のフットパス ……………………………… 35

広がるフットパス ……………… 37
小野路ばかりではない

東京都町田市の事例 ……………… 38
町田の環境と価値観によって培われた多摩丘陵フットパス
町田の行政

活性化に成功
成熟社会の地方都市モデル
▎寄稿－町田市のフットパス ……………………… 47

山梨県甲州市勝沼町の事例 ……………… 53
東京より都会的な感性を持つ商売人
▎寄稿－ぶどうとワインのまちのフットパス ……………… 56

山梨県北杜市甲斐大泉の事例 ……………… 62
ヨーロッパ風赤松林フットパス

山形県長井市の事例 ……………… 63
最上川ロングトレイル
▎寄稿－最上川とフットパスながい ……………… 67

山形県川西町の事例 ……………… 72
東洋のアルカディア（理想郷）

北海道黒松内町の事例 ……………… 73
北限のブナ林と南イングランドそっくりの景観
▎寄稿－フットパスボランティアと自治体が協働で
　　　「フットパスによるまちづくり」……………… 77

北海道全域の事例 ……………… 84
多くのファンに愛されるコース
▎寄稿－北海道のフットパス、10年の成果と課題 ……………… 85

熊本県美里町の事例 ……………… 90
石橋文化と美里よかばい
▎寄稿－熊本県・美里町で始まったフットパス ……………… 93

日本におけるフットパス活動 20 年 ……………… 103
その効果と評価

東京都町田市／山形県長井市／山梨県甲州市勝沼町／北海道黒松内町／
熊本県美里町／山梨県北杜市甲斐大泉
イギリスのフットパスを目標に──経済効果を考える

イギリスのフットパス ……………………… 109
　その歴史的背景
　イギリスのフットパスの過し方
　年間8,000億円、24,000人の正規雇用創出のフットパス

　◎資料1：ウォーキングの恩恵（抜粋）
　　　　・英国でもまちづくりに成果をあげるフットパス
　◎資料2：ウォーカーズ　ウェルカム　タウン　パンフレット著者訳
　　　　・日本とイギリスのフットパスを比較して

▎寄稿 ― 英国にみるフットパスの経済と環境改善効果 …………………… 123

第3章　フットパスのノウハウ ……………………… **131**
フットパスの公式 ……………………… 133
　いいみちをつくる
　いいマップをつくる
　そのほかの重要なノウハウ

第4章　フットパスのつくりかた ……………………… **167**
フットパス・コースをつくってみよう ……………………… 169

第1段階 ……………………… 169
　全体計画をつくる
　フットパス・コースをつくる
　フットパス・マップをつくる
　フットパス・サインを整備する
　フットパス・ウォークを開催する

第2段階 ……………………… 180
おもてなしの体制を整える
フットパス・拠点を整備する

第3段階 ……………………… 182
その地域の活性化の方向を考える――農業と商業
担当者を募集する
都市住民の導入計画を立てる
新住民とともに自立更生の生活圏と、新しい経済圏をつくる

「日本フットパス協会」の役割 ……………………… 185
フットパス＝観光ではない
フットパスに近づいている各種ウォーキング
フットパスを正しく伝える
「日本フットパス協会」は会員民主制
自分の地域を自慢できる会
フットパスは営利目的ではない
目標はナショナルトラスト
あなたのフットパスを登録されませんか？

おわりに

はじめに

　フットパス（footpath）とは、イギリスを発祥とする"森林や田園地帯、古い街並みなど、地域に昔からあるありのままの風景を楽しみながら歩くこと【Foot】ができる小径《こみち》【Path】"のことであり、ひいてはこのみちを歩くことの総称である。

　今やフットパスは、健康や環境への貢献は言うに及ばず、観光やまちづくりの画期的な活性化策として、全国の自治体や市民から注目を集めている。北海道や九州では広域なフットパスのネットワークが形成されつつあり、全国各地で成功例が報告されている。

　まちおこしをしようにも、その資源がない、人材もない、資金もあまりない、というような地域でも、フットパスは「いいみちを歩く」ことなので楽に始めることができる。しかもいいみちというのは景勝地にのみあるというものではなく、いかなる地域にも必ず心に残るいいみちがあるのである。

　フットパスは知ってみるとあまりに簡単なことなのでその効果はにわかには信じ難いかもしれないが、じわじわとその他方面にわたる大きな効果を認められてきている。

　茨城県行方《なめがた》市でまちづくりに携わっている宮川貴弘さんと坂本博之さんは「東日本大震災の後、観光収入が3割減となってしまった。もうフットパスしかないと思った。お金をかけずにそのままの資源を利用できるのが魅力だった」と話してくださった。その後、行方市のなにげないむかしみちに惹かれたリピーターの足が途絶えることはないという。

　フットパスは行きづまった観光再生の打開策として特に有効である。「フットパスは観光の諸課題を解決し、今後の着地型観光の王道となるべき可能性を秘めている」と、『観光文化』の外川宇八《とがわうはち》編集長は「広がれ日本のフットパス」という特集号（2010.1.20、第199号）の編集後記で書いておられる。私

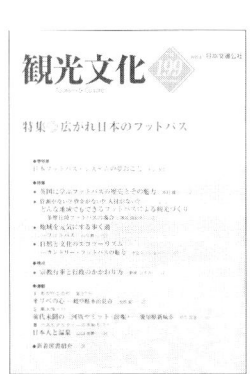

たちがフットパスを始めた頃は、みちを歩くことだけで地域活性化になるなど、なかなか理解されなかった。そろそろ時代が追いついてきたらしい。他にも2013年の日経トレンディにはロングトレイルが今年流行るもの「第1位」に挙げられている。九州では韓国済州島から始まった「オルレ（表記はolleで我が家への道という意味）」が人気だという。つまりは"みちを歩くこと"が活性化の1つの重要なキーワードになるというところまでは共通認識ができてきたように思う。

ただしみちを歩きさえすれば何でもいいというわけではない。まちづくりや観光において"歩くこと"で効果をあげるには"いいみち"が必要である。この選ばれた"いいみち"そしてそのみちを歩くことを、私たちはフットパスと呼んでいる。フットパスをつくるのはそれほど難しいことではない。ノウハウさえ知れば、どんな地域でもできるのだ。フットパスを始めれば、自然にまちづくりが進み、地域が楽しく交流していくうちに素晴らしいまちができていく。また観光地などでは、すでにある地域特性や観光資源をさらに強化させ、長続きさせることができる。

フットパスのもたらすまちづくりへの効果は非常に大きい。いいみちをつくると地域の原風景に魅せられたファンが外部からリピートしてやってくる。移住する者も現れ、従来の古い共同体に新住民が加わった新たな共同体が形成される。また、いいみちをつくる際に、地元の様々な関係者—地元住民、都市住民、自治体職員、商工界関係者、大学など—が参加し共に地域の魅力を探求し

①甲州市（左から2人目が三森哲也氏）
②北海道全域のフットパス（小川巌氏）

ながら歩くと共通の認識や愛情を共有することができる。これはプラットフォームと呼ばれるが、これが一度できあがると皆が一枚岩になってまちづくりに邁進するようになり、後にどのようなプロジェクトを持ってきてもかならず成功するようになる。経済効果もはっきり現れる。これがフットパスに期待されるものである。

本書では、このフットパスの"ノウハウ"をお伝えしたいと思う。まちづくりで四苦八苦されている現場の皆様に、是非フットパスを試してみていただけたらと思っている。

本書は4章に分けて構成してあり、フットパス先進自治体である町田市（唐澤祐一氏）、甲州市（三森哲也氏）、長井市（浅野敏明氏）、黒松内町（新川雅幸氏）、熊本県美里町（濱田孝正氏）の事例や、広域な北海道全道フットパス（小川巌氏）、そしてフットパスの本家イギリス（小田高史氏）など、多くのケーススタディを紹介している。どこから読み進めていただいても、ご自身のまちに活かせる多くのヒントを得ていただけると思う。

③町田市（右から2人目が唐澤祐一氏）／④黒松内町（新川雅幸氏）／⑤イギリス（写真左が小田高史氏）
⑥熊本県美里町（左は濱田孝正氏・右は井澤るり子氏）／⑦長井市（浅野敏明氏）

すばらしいまちを、子供たちに残していこう

　2011年の震災の犠牲はあまりにも大きかった。私たちは微力だが、この犠牲を常に心に刻み、その方々の想いが生かされるようなまちを作らなければならないと思う。それには若い人々が自分たちのふるさとや昔からの生業を見直して再度新しい命を吹き込めるような社会、地域を愛し子供たちに命を繋いでいけるような社会を日本全土に築いていかなくてはならない。
　その意味でまず第一に東北でフットパスのネットワークが広がり、復興から立ち上がる基盤をつくっていただけたらと思っている。そして日本全国にフットパスが網の目のように広がることで、日本の底力が上がり真の意味での強い国家となってほしいと願うものである。

NPO法人「みどりのゆび」事務局長・「日本フットパス協会」理事
神谷 由紀子

第 1 章
フットパスとは何か

フットパスを知る

イギリスで生まれたフットパス

「フットパスとは何か」と聞かれることが本当に多い。

フットバス（足湯のようなもの）や、フットサルと間違えられたり、トレイルやエコツーリズムとどう違うかと聞かれたりもする。

フットパスを理解する上で最も手っ取り早いのは、イギリスのピーターラビットで有名な湖水地方や蜂蜜色の家が並ぶコッツウォルの美しい景色の中、緑の小道をリュックを背負った人々が、三々五々歩く姿を思い描いていただくことであろう。これこそがフットパスのイメージである。

「日本フットパス協会」ではフットパスを「イギリスを発祥とする"森林や田園地帯、古い街並みなど地域に昔からあるありのままの風景を楽しみながら歩くこと【Foot】ができる小径（こみち）【Path】」と定義づけている。広義にはこのみちを歩くことも含まれる。

もともとはイギリスが発祥地である。イギリスではどのまちでも観光案内所でフットパスを歩きたいと言うとマップを出してくれ、市民は歩くことを楽しんでいる。イギリスのフットパスは約100年前、産業革命で疲弊した労働者たちが、貴族に囲い込まれてしまった国土を「せめて歩かせてほしい」と運動をおこし、そしてその結果勝ち得た「歩く権利」なのである。工業化を経験した人々の人間再生を求める運動といえるであろう。現在は牧場や緑地など私有地の一部を市民が通行できるようになっていて、イギリス全土にフ

イギリスの美しい景色を味わいながら歩く

第1章　フットパスとは何か　13

ットパスの小径網が拡がっている。また全国のフットパスを網羅したマップが整っていて、イギリス中を隅々まで歩けるようになっている。世界中からツーリストが訪れ、観光立国イギリスを築く大きな要素となっている。

イギリスとはちょっと違う日本のフットパス

　最近日本でもフットパスへの関心が年々高まっている。しかし日本のフットパスはイギリスのフットパスを模倣したものではない。日本には日本のフットパスが育っている。

　日本では今から20年ほど前、自分の地域を歩いて新たな発見を楽しむ活動が自然発生的に日本の各地で始まった。北海道、東北の長井市、東京の町田市、甲州市などではほぼ同時期に従来の観光とは少々違ったイベントが催されるようになった。名所旧跡などではない、いつも車で通り過ぎているような周辺のみちを歩いてみると、幼少期に見たような原風景が以外に多く残っていることに気づき、改めてその美しさに胸を打たれたのである。このような自分の地域を歩くということは当時とても新鮮で多くの人を惹きつけた。そしてこの活動はイギリスのフットパスに似ているということでフットパスと呼ばれるようになった。日本のフットパスはイギリスのような法的な権利ではなく、歴史的な時期や社会的背景も異なるが、それはちょうどイギリスで産業革命の後に人間性の回復を求めてフットパス運動が起きたように、日本でもバブル経済が崩壊した1990年代後半に現れた社会現象であったように思う。

　フットパスはそれまで経済一辺倒であった日本人の価値観の変動の象徴と言えるであろう。

　また日本のフットパスは歩く人を楽しくさせるだけでなく地元の人々をも地域の魅力と誇りに目覚めさせ、両者を一緒にまちづくりに引き込む力を持っている。もしフットパスを社会的なタイプで分類するとなると、イギリスが権利型とすれば、日本は調和型と言えるかも知れない。日本では地主さんとうまく調和をとって進めるのがまちづくりにおいても一番成功するのだと思う。イギリスのウォーキングの最大の機関であるランブラーズ協会のミルズ部長から「自分たちがもう一度フットパスの開発をはじめられるなら地主さんを巻き込んだ形にしたかった。日本はその点素晴らしいと思う」と言われたことがあっ

日本のフットパスは歩く人と、地元の人どちらにも良い影響をもたらす

た。日本のフットパスは国際的にも通ずる手法なのかもしれない。皆で楽しくまちづくりが進むのが日本のフットパスだ。

フットパスに内在するまちづくりの力

　日本でフットパスが関心を呼んでいる1つめの大きな要因は、それがまちづくりに大きな効果を与えていることにある。フットパスは一見するとウォークイベントの1つにしかすぎないようにも思われがちだが、フットパスを導入した地域では画期的な活性化が報告されている。何も観光資源のなかった地域が観光のまちになった、過疎地域に若い人や外部のファンが訪れて新しいまちづくりが始まった、観光資源はあるが将来が懸念されるまちが新しい資源を得てさらに魅力のあるまちになった、など後に続く実際の事例をご覧になっていただきたい。

　なぜフットパスにはこれほどまでの効果があるのか。それは、フットパスがまちづくりの基礎である以下の5つの要素において効果を発揮することができるからだと思われる。

　第1の要素はまちづくり資源の発見である。フットパスをつくるために地域の昔の様子を残すいいみちを繋いで歩いていくと自然にそのまちの成り立ちや性格、そして魅力が浮き彫りになる。既存のまちづくりの手法は、グルメとかまつりとか歴史とか何かテーマを決めて、そのまちにそれをあてはめるという

方法であるが、フットパスは逆に皆さんがいいなと思うみちを繋いでいくとそのまちの特長があらわになるのである。何でまちおこしをしたらいいかわからないとき、また、自分のまちの魅力が見つからないとき、とりあえずフットパスを始めてみると、あなたのまちのさまざまな魅力が発見できるであろう。そしてそれがあなたのまちの"うり"なのである。

　第2の要素はファンづくりである。フットパスを歩く楽しみを見つけた人たちは、遠くからであろうと、何度でもその地域に足を運ぶようになる。そしてその地域の魅力に惹かれ、その地域のファンとなり、リピーターとなる。ついには地域に定住しまちづくりの担い手にもなる。もちろん地域の名所旧跡やグルメにも寄り道してくれて、観光面でも貢献することとなる。

　第3の要素は共同体の再生である。フットパスによって外部住民のイベントに地元民が協力したり、反対に外部住民が地元の活動に参加したりで、一緒に作業を行う機会が増える。さらに地域に惹かれた若い人や都市住民が移住してこの地域を生活の場とする人たちが増えて、地元民に農業、漁業の方法や地域の風習を習う。また新住民が入ることによって固定化していた旧住民の共同体が新たな共同体に活性することができる。地域の商店街にも新しい需要が開発され、反対に新住民はスーパーなどでは得られない顔の見える商店でそれぞれの顧客にあった商品やサービスを得ることができる。

　第4の要素はプラットフォームの形成である。フットパスを作る過程では、新住民、旧住民、自治体、商工会議所、外部ファンなど多くの視点を伴って一緒に歩いてみることが重要であるのだが、この過程で普通ならば出会わないようなさまざまな属性の人々と、地域の人々の交流が生まれる。そして市民の間の深い絆と共通認識が生まれ、地域への愛情を共有することができるようになる。以後合意形成のもとにまちづくりが進むようになる。

　第5の要素は経済効果である。フットパスはさまざまなものを繋ぐことができる。まずは人的資源である。地域に外部の人間を繋ぐ。地域の内部でさまざまな人材を繋ぐ。そして地域と地域も繋ぐ。1つのまちのフットパスを楽しんだ人はまた次のまちのフットパスへというように、地域から地域へと人のフロウが経済のフロウとなって大きな経済効果をもたらすことができると考えられる。全国にフットパスが普及すれば日本全国を繋ぐ新しいネットワークや経済

基盤も再建できるかもしれない。実際フットパス先進国イギリスではイギリス全土の15のナショナル・トレイル（長いフットパス）から8,000億円という経済効果の実績が出ているのである。

どんなまちでもできるフットパス

　日本のフットパスが関心を集めている２つ目の要因は、フットパスはどんなまちでもつくることができることである。自治体の大小や都心部、過疎部にも関係ない。

　例えば限界集落などの過疎の村には日本の原風景といわれる"里山"など優れた景観が残る地域が多く、伝統的な生活も残っていて、フットパスの観点からすれば資源が豊富にあるということになる。一方東京などの大都市でも、里山などはないかもしれないが、昔の武家屋敷跡や、しもた屋風の商店街などなど、まだまだ昔の雰囲気を残す景観や緑が残っており、素晴らしいフットパスがいくつも発見できる。

　一見資源がないように見える地域でもいい感性さえあればフットパスはできる。あるとき相模原市の職員の方にフットパスをご説明したところ、碁盤の目のように整備された中心部では難しいのではとおっしゃられたことがあるが、相模原市街地は中心部に驚くほど森が多く、その意外性が大きな魅力になっている。私は十分魅力あるフットパスがつくれると思うとお答えしたのだった。

　このようにどのようなまちにもフットパスができると私たちは考えている。言い換えればどのようなまちでもフットパスを取り入れていただければまちづくりが進むチャンスがあるということである。

　要は見方を変えると、そのまちならではの魅力が見えてくるのである。皆さんがご自分のまちを歩いてみて、いいなと思うところにそのまちならではの風情や歴史がある。どのまちにもそのまちならではの風情や歴史があって私たちを惹き付けるのである。

「日本フットパス協会」の設立

　このようなフットパスの力に気づいたのは私たちばかりではなかった。
　各地でフットパスを始めていた先駆的自治体や団体は、フットパスが多くの

①2009年2月7日「日本フットパス協会」設立式典／②設立シンポジウムの様子
③石原信雄名誉会長／④椎川忍総務省地域政策審議官（当時）／
⑤英国ナショナルトラスト　ジョー・バーゴン部長（当時）

　人を引き寄せ、リピーターをつくり、地元の意識をも変革させ、まちづくりを推進する力になることを実感していた。そしてフットパスの効果をもっと広く知らしめたいと願い、北海道の黒松内町、長井市、町田市、甲州市の4つの自治体が発起人となって、2009年2月に「日本フットパス協会」が設立された。
　日本フットパス協会の会員は自治体と市民団体とで構成されている。会員数は現在41団体となった（2013年10月現在）。大方の傾向として、1つのまちで最初に市民団体が会員となりそれを支援する形で自治体が会員となるケースが多い。市民団体と行政が1つになって協働の形を取れるようになるとまちづくりは確実なものとなる。このような意味で協会では市民団体と自治体がペアで会員になっていただけることを推進している。
　最近のトレイル人気も手伝って、フットパスに関心をもつ自治体や団体は今後もっと増えそうである。毎年交替で会員自治体の地域で総会が開かれ、北海道から九州まで全国の人々が開催地のフットパスを楽しんでいる。

フットパスは新しい社会の象徴

フットパスが導く新しいまち

　ではフットパスによってどのようなまちが活性化していくのであろうか。私はフットパスを導入したまちでは次のように段階的にまちづくりが進むと考えている。

　１：「フットパスにより、地域の魅力や価値がみなおされ、まちの魅力に惹かれた若い人や都市からの住民が移り住んで生活の場とするようになる」
　生活のためにいやいや地域に入るのとは異なって、外部住民はフットパスによってその地域のファンとなって地域を愛し、移り住むことになるので、積極的に生活に取り組むことができる。地域を愛する新住民が入ってくることによって、地元も自分たちの地域に誇りを感じるだけでなく、一緒になって新しいまちづくりに向かう意欲を得ることができる。新住民はインターネットなどを利用しながら知的生産に携わったり、農業や漁業などに参加して、地域で就業するようになる。

　２：「新住民は地元民と一緒にまちづくりに携わることとなり、新住民を加えた新しい共同体が再生する」
　農業などの第一次産業が見直されて生産があがり、地産地消経済も進み自給率も上がる。新住民は健康的な生活と共に食の安全も確保できる。地元は生産への後継者を得ることができる。高齢者や障害者も暖かく見守られるやさしい社会が再現する。

　３：「新住民の増加と新しい共同体の活気によって、顔の見える顧客とオーダーメードで付き合う商店街が甦り、地域商業が再生する」
　スーパーなどと違って地域の商店街は地域の住民の個々の嗜好や価格帯に合わせた商品やサービスを提供できる。住民も信頼のおける店で安心でリーズナブルな商品を買うことができる。また住民の日常生活と商店が深い係りを持つようになり、商店街が住民にとって必要不可欠なものとなっていく。

4：「フットパスによってあちこちのまちが活性化してくると、近隣の中堅商業都市に大規模商業施設が進出できるようになり、中堅都市まで活性化する。これによって新住民がますます地域に固定化するようになる」

地域に移り住んできた新住民や知識人、医療従事者などの固定化を進めるには、質の良い商業・情報施設が商業圏内にあることが望ましい。首都圏まで出向かずに満足度の高い生活ができる。これによって新しい市場が増え大企業も進出できるし地域の中小企業も参入できる。

5：「全国のまちが一斉に活性化し、日本全体の底力があがってくる」

秀でた自然環境で生活しながら都市のライフスタイルも得ることができ、過疎のまちが最高の居住環境に生まれ変わり、日本全国で過疎地域が再生する。広域に活性化が進む。地に足のついた成熟社会となる。

私は、まちづくりの成功した「究極の姿」というのは、優秀なお医者さんが喜んで住み着いてくださるようなまちになったときだと思っている。このためにはお医者さんの家族や、将来を担う若い人を惹きつける先進性もまちづくりには必要になるだろう。例えば茨城県のつくば市。昔は情報も東京より数日遅れるということで、研究者にとっても不便なところという印象だったが、今は地元と新住民の交流も盛んで、新住民による市民活動も先進的である。つくばエクスプレスを使えば秋葉原まで45分。交通も便利で商圏も垢抜けてきており、"住みたいまち"上位に成長している。

平日は美しい里山で暮らしながら、週末には近隣のミッドタウンやヒルズで、ショッピングやコンサートを楽しむというライフスタイルは、これからの理想となるのではないだろうか。

震災を超えて——新しい価値観によるまちづくり

2011年3月11日の東日本大地震は日本人の価値観を一変した。「2回目の戦後」といみじくも言われるように、想定外の地震の破壊力は被災地だけでなく、経済効果のみを目標としてきた日本人の戦後の生き方そのものを変えたように思う。

震災前、日本は成熟社会への脱皮に苦しんでいた。高度成長期を経て、"お

金"だけを追求する資本主義経済のさまざまな問題点が表面化していたのだ。食品偽装に端を発する食の安全の問題。低い食料自給率。職のない若者と行き場のない後期高齢者。勝組と負組の二分化社会。7,900もの限界集落と荒れた自然。取り残される日本外交、そして何十年ぶりの与野党の転換。

そこに追い討ちをかけるように起きた地震。しかしこの混沌とした瓦礫の中から、今私たち日本人にはこれから再建すべき「新しい社会」がおぼろげながら見えてきているのではないだろうかと感じている。

それはどのような社会か。

私は、今よりも明るく豊かな社会が期待できると考えている。今までのような高度成長経済はない。中国やほかの新興国にGDPでは負けるかもしれない。しかし低成長でも人間の生きる速度に合った、安定した豊かなまちができるのではないか、また望まれているのではないかと思う。

震災以後、私は報道で、被災地の皆さんがご自分の地域の魅力や地域への愛

フットパスにはたくさんの笑顔がある

に改めて気づかれ、逃げることなく同じ地域に生きたいと願われているのを知った。特に学生さんや若い人がそうであったように思う。今や農業や漁業など後継者が途切れつつあった第一次産業の重要性や、職業としての魅力も若い人は感じとっている。また都市住民も、復興のためのボランティア活動や募金などを経験して、地域というものの持つ存在意義や魅力に十分気づき始めているように思える。これを機会に自分の気に入った地域に移り住み、地域の人々と生活を共にする人も多くなるであろう。また市民も企業も積極的に寄付を行うようになった。従来の日本にはなかった、困った人を寄付やボランティア活動で助けるという、欧米のような寄付文化が日本に根付き始めている。

　このような日本人の思考や行動の変化を見ていると、今後の日本のまちは将来の感じられる明るいまちに生まれ変われるのではないかと期待をしてしまう。こうした期待をしているのは私だけではない。国も地域住民が自分の地域を愛しながら一生を送ることができるようなまちを将来の「理想の社会」として捉えているように思える。総務省の椎川元自治財政局長は、その著書『緑の分権改革』の中でこの改革が目標とすべき"理想郷"は「地域住民が地域の食材を食し、地域で教育を受け、地域の歴史や文化を愛し、地域で生業を持ち、地域の土となって次の世代に地域を受け渡す」まちであると描写されている。

　自らリュック1つで気軽に全国の自治体を行脚しておられる椎川局長だからこそ描くことができたビジョンであり、このような優しいまちづくりを提示できるような国の国民であることは本当に幸せなことだと思う。しかし国がいくら応援しても、市民側からまちづくりの機運が起こらない限り、まちづくりは成功しない。逆に市民がやる気になれば、1、2年のうちにまちづくりが進むことを実際に私たちは目の当たりにしてきた。市民が自分たちから気づくことが何よりも必要なことなのである。

　フットパスは市民に自分の地域の魅力に気づかせ、まちづくりへのエネルギーを与え、経済的成果

書籍『緑の分権改革』(学芸出版社)

までもたらすことができる。

　あなたの住んでおられるまちにも必ずいいフットパスがある。それを見出していただければ、あなたのまちだけにある自然や小さいけれど玉虫色に光るさまざまな伝統や歴史の遺産に囲まれていることを知り、あなたのまちがどれほど愛すべき貴重な地域であることがわかるであろう。

　フットパスとは何かということを、さらに具体的にご理解いただくために、これから私のフィールドである町田市小野路町での実例をあげて、説明していきたい。

多摩丘陵フットパス——町田市小野路町

多摩丘陵フットパスの誕生と「みどりのゆび」

　では日本ではどのようにフットパスが始まり、まちづくりに発展していったのか、私たちNPO法人みどりのゆびが実践してきた多摩丘陵のケースからお話してみよう。

　私たちの活動地である町田市の小野路は、多摩丘陵の中でもとりわけ里山の景観と生活がよく残る地域である。新宿都心から小田急線で30〜40分、鶴川駅で下車し幹線道路を抜け、鎌倉街道を一歩入ると、そこには幕末のままともいわれる昔ながらの多摩丘陵の景観がしっぽりと残っている。めぼしい名所や史跡などほとんどない。田舎の風景だけが広がる里である。しかし、ここを一度訪れた人はその景観の虜になり、自分だけの心の「ふるさと」として季節を問わず何度もリピートして訪れてしまう魔力を持った地域なのである。

　多摩丘陵の丘陵は、「箱庭」のようだと言った人がいたが、小さな丘陵や、丘陵と丘陵の間から流れる湧水によって開かれた谷戸がいくつも折り重なって潤いのある景観は実に見事である。右に左に曲がる度に変化していく景観は人を飽きさせず、それぞれの谷戸は、異なった趣きを呈して美しい。また景観ばかりでなく、古い時代から谷戸や雑木林で営まれてきた人々の生活や、鎌倉時代や幕末の古道に漂う歴史上の人物の面影が等身大に感じられる。

　しかし、ここは最初からこれほどの輝きをみせていたわけではない。ここはもともと区画整理が計画されていた地域であった。しかし町田市が180度政策

を転換して「農と緑のふるさと」として決定するにいたり、多摩丘陵の中で最も大きい緑が残ることとなった。まさしく、当時10年ほど続けてきたフットパス活動が功を奏した例といえるだろう。

　私たちとフットパスの出会いは20年ほど前、小野路ではなく、鶴川駅近くの森の保全運動に始まった。結局この森は開発されてしまい、都市計画法や相続税など既存の法制度や税制を変革せずには緑は残らないしくみになっていることを痛感した。当時私たちは緑の保全団体として町田市の緑地保全の森「鎌倉街道小野路宿緑地」の管理などを受託していたが、いくら管理に汗を流しても周囲からどんどん緑は消えていった。小手先だけの方法では緑は残らない、緑が残るように根本から社会の制度を変えるには多くの方の理解を得ることが必要だと考え、試行錯誤を繰り返した。その結果、最も訴求力があったのは多くの市民に緑の中を歩いてもらうことだったのである。海外の森や山を歩くのが好きだった母からの「せっかく緑の多いところに住んでいるんだから、いいところをつないで、地図をつくって、素晴らしいところを皆さんに歩いていただいたら。ヨーロッパには快適に歩ける道がたくさんあるのよ」という提案が大当たりとなった。歩いていると急に現れる開発現場を目の当たりにして、私たちが説明しなくとも緑の重要性は多くの人々の心に響いた。

　今は地域の発見ツアーなどは珍しくもないが、当時は日頃車で通り過ぎているような近くの地域を歩いて見直すことの素晴らしさは新鮮で大変な人気となった。東京農大の麻生恵教授が「イギリスのフットパスに似ていますね」とお

万松寺谷戸

農家庭先の畑

っしゃったことによって、イギリスのフットパスについて知るところとなったのであった。そして私たちがつないだ緑豊かなみちをフットパスと称することとなった。

フットパス・コースをつくる

　私たちのフットパスつくりが始まった。私たちの活動地である小野路を中心に多摩丘陵の中のみちを何度も何度も踏査し、町田市の2,500分の1の都市計画地図を何枚もコピーしてその上に候補となるコースを落とし込んだ。私道には入らないように、町田市の道路査定図と比べながら赤道（公道の一種）を確かめた。そして魅力のあるみちをメインルートとして選び出し、それを麻生恵先生や松本清氏など東京農大の専門の方々に検証していただいた。景観学、地図学の要素、さらにヨーロッパ的な地図のセンスを加えて、地図としての精度を高めていった。最初は麻生先生が参考に持ってきてくださったイギリスのフットパス地図「カントリーサイド・マップ」と同じようなものをつくりたかった。表側にフットパス・コースが白線で描かれた俯瞰図、そして裏側には歴史的建造物などの説明が施されたフットパス・マップが1枚1コースで英国全土約240カ所分がバインダーに綴じられており、歩く人は自分の必要な地域の部分だけをバインダーから取り出して次々と地域のフットパスを歩くのである。最初はこれと同じスタイルを目指したが、しかし日本のような季節によって植生が変わるところでは、ただ俯瞰図の上にコースを描くだけではわからなくなってしまう心配があったので、左側には俯瞰図、そし

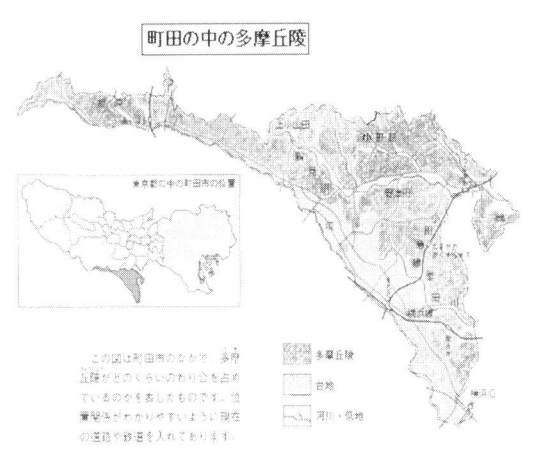

町田市の中の多摩丘陵の割合

て右側にはコースの詳細、地形の様子、雑木林や農地といった土地利用などを描いた2,500分の1の縮小地図を併記するようにした。

　こうしてコースとマップは出来上がった。草刈をしたり道標を設置したりして整備し、定期的にフットパス・ウォークを開催したのである。

地元の協力を得る

　しかし私たちの活動はみちづくりだけには終わらなかった。首都圏で緑が消えていく理由、残らない理由には、税制や都市計画法のほかに、農家の後継者が農業を続けていけない環境にあることがある。私たちはこの農家の問題を考えずにただ緑を保全しようと叫ぶのは無責任だと思った。経済効果が出なければ説得できない。「緑じゃ食えない」と言われる。どうしたら「緑で食える」ようになるのか。どうすれば歩くことによってお金がこの地域に落ちるのか、当時は誰もその答えを知らなかった。

　そこで、とりあえず一歩を踏み出してみようということになった。「こんな子供だましのことでは」とも思ったが、小野路のフットパスを歩くウォーキングイベントを行って、そのとき地元の方に昼食として地元で昔から食されてきた食べ物や地場の産物を出していただいて、どれほどの訴求力があるのか、参加者のニーズに合うのか、そして経済性に通じる要素があるのかを確かめてみようということになった。

　地元に受け入れてもらうために町田市から、小野路宿の元名主の24代目の当主で、新撰組の資料館「小島資料館」の小島政孝館長を紹介していただき、「みどりのゆび」の理事になっていただいていた。その小島館長に、当時小野神社の総代長をなさっていた地元の篤農家である小林ご夫妻をご紹介いただいた。この出会いが成功の鍵となった。

　フットパスまつり用の食事をつくることに、小林重一、文重ご夫妻は前向きに取り組んでくださった。文重さんは農協の婦人団として町田市のイベントなどにも参加されていて経験も豊富だった。小林ご夫妻はご近所の大沢キヨさん、大沢トミ子さん、小宮房子さんと一緒に地元の小麦から採れた地粉を使った饅頭やうどん、祝儀不祝儀に出される赤飯などを試作してくださった。昔ながらの手法で、庭先に大きなかまどを立て薪をくべながら、地粉のうどんを煮

伝統農業を伝えてきた小林重一さん夫妻

ゴマの種まきの様子

たり、丁寧につくった饅頭や赤飯を蒸したり、小屋のダルマストーブに大きなお鍋をのせて朝からコトコトと煮込んだ芋の煮しめは、都市ガスではできない深くて懐かしい味がした。

　多摩地方で祝儀にも不祝儀にも必ず出される行事食は赤飯とけんちん汁である。赤飯は不祝儀のときには"施鬼飯（せきはん）"と書く。金ゴマは小野路の特産であるが、祝儀の時には金ゴマをそのままかけ、不祝儀のときにはすりつぶしてかける。惣菜は薪でコトコト煮た切り干し大根に芋茎（ずいき）の煮物。最後は地元の地粉のうどんによってお開きになる。地粉とは地元の小麦のことをいい蕎麦を食べないこの地域では、地粉のうどんはハレの日の食べ物とされている。

　赤飯にかける塩などにいたっても、手作りで時間も手間もかかっているものを使う。天塩を藁でくるみ、炭焼き釜で炭と共に1週間焼いた塊をトンカチで叩き、それを石臼でひいてサラサラにすると、ミネラルのたっぷりはいった甘い塩となる。都市生活では手間がかかってできない心のこもった食事である。

みるみるうちに活性化した小野路

　このウォーキングイベントは「多摩丘陵フットパスまつり」と命名され、採算を取るために100人を規模として行うこととなった。保険料、講師料、資料代、食費として参加費1,500円に組んでみた。手づくりの金ゴマ、梅干、味噌なども販売してみることにした。

　公募をかけると100人の募集枠が数日でいっぱいになる。"フットパスまつり"では、多摩丘陵の自然や幕末の雰囲気を残す小野路の景観に浸りながら、

専門家の解説を聞くことができる。話を聞き、体で感じたりしながらフットパス・ウォークでならではの新たな魅力を発見し、昼食には地元で昔から伝えられてきた行事食と暖かいおもてなしを堪能していただいている。口コミで小野路のフットパスの評判は広がり遠くからもそれを聞きつけてお客様がきてくださるようになった。さらに小野路ばかりでなく町田全体にもフットパスが広がり、それまでは観光のイメージなども全くなかったのに「町田はいいところだそうですね」と皆さんからお電話があるようにもなった。

誰も最初はこんなに小野路が有名になるなど思いもしなかった。しかし一旦有名になると、情報や資金そして人材といったすべてがここに集まってきた。

テレビ局や各新聞社などマスコミからは頻繁に取材が入る状態だ。NHKでは、2009年1月放送の白洲次郎物語に関連して、小野路の"どうづき歌"や"糸巻き歌"が発見されたほか、小野路を舞台とした廃能"横山"も発見された。町田で唯一の養蚕農家が小野路にあることもわかった。以前から熱心な新

①フットパスまつり開会式／②お昼のおもてなし／③昼休みの直売
④地元住民と新住民が共に裏方を

フットパスまつりの赤飯・けんちん汁・煮しめ―手間がかかった本物の味

撰組ファンには日本一の資料数を誇ることで知られていた小島資料館も、さらに多くの人が訪れるようになった。小野路に訪れる人を迎える近藤勇や土方歳三の息遣いや、笑い声が伝わるようである。

　経済的にも少しづつ効果がみられるようになっていった。金ゴマをはじめ、味噌、梅干、庭先の野菜など、台所の奥に眠っていた食材を出してみたら数千円から数万円の収入となった。自分たちの生活の中で今まではあたりまえで、価値を見出すことがなかったものに、大きな価値があることに気がついたのである。

　いまや小野路の金ゴマは名物となり、収穫時にすぐ行かないと手に入らないものとなった。手がかかるのでお年寄りなどを除いては栽培をやめていた農家が多かったが再開する家も増えている。梅干、味噌などにも固定客が付くようになった。こうしてまとまったお小遣いが入るようになり、お母さんたちは元気になり、その活気はお父さんたちまでをも巻き込んでいったのである。

　現在、町田市は国からの補助金も取り込んで小野路の環境整備に取り掛かっている。具体的には「小野路宿まちづくり協議会」が組織され、小野路宿の宿場を復元することが市民の意思で決まった。都道の拡幅工事を機会に宿通りの両側に水路を残しながら、黒塀を回し、門前にはそれぞれの屋号を掲げるなど、往時の様子を再現することとなった。また小野路宿の玄関口にあたる元名主屋敷「角屋」を町田市が買い取って改築し、「小野路宿里山交流館」というビジターセンターとして2013年秋に開設した。特産物の販売やおもてなしの場、そして小野路住民の活性化の拠点として幅広く利用されており、多いときには1日400人の観光客を呼んでいる。小野路宿の多くの市民が恩恵を受ける

こととなったのだ。

　さらには観光面だけではなく、市の土地や遊休地で地元の農家の方々を講師として、プロの野菜つくり方を指導していただく農業研修プロジェクトなどが進められている。農業や里山での暮らしに関心を寄せる都市住民や若いファミリーが年々小野路に増えつつある。私たちも恵泉女学園大学と一緒に、当時93歳の古老広瀬儀平さんから伝統農業を教えていただき、澤登先生や宮内先生のご指導の下に、農業に興味のある若い人たちを小野路に呼びいれ、遊休地の田んぼや畑を再生する活動を行っている。

　澤登先生によるとアメリカの東西海岸の都市でも、週末に農業に汗を流し健康な産物を手にいれるという活動に参加している都市住民が増えていて、CSA（Community Supported Agriculture）と呼ばれているというが、近い将来小野路の田んぼにもそのようなアメリカの都市住民を招き、日米間でのCSAの交流ができるようになることを期待している。

　こうしてたった数年のうちに小野路は大きな変動を経験したのである。緑を守るだけではなく、地元を支える産業を育て、底力のある地域を構築していくコンセンサスが小野路につくられたのだ。

地方自治の原点

　こんなことでどれほどの効果が期待できるのかと半信半疑だったが、小野路の提供する景観、自然、歴史、食、人は大勢の人を魅了し、それ以後どんどん訪れる人が増え、小野路は急に有名になった。そして小林さんなど地元の方たちも「こんな田舎」と思っていた里山の景観や、毎日当たり前としていた里山での暮らし、毎日普通に食べているものの中に、都市住民を惹き付ける最先端の新しい価値がいくつもあることを認識したのである。緑保全としてスタートしたはずのフットパスはこれをきっかけにまちづくりの原動力へと変化していったのであった。

　歩く側だけでなく"歩かれる側"に予想以上の大きな活性化をもたらす。これが私たちが経験したフットパスの最大の効果である。都市住民が小野路の里山を歩くようになった結果、多くの人にその素晴らしさを讃えられるようになって、地元の人々が自分たちの地域の価値に気づき、誇りに感じていただける

宿場を再現するため堀や黒塀も作られた

ようになったのである。

　「一度来て気に入ってしまったという人がいっぱいくるんだよね。お茶でも飲んでいきなよといって、その時煮ていた芋や餅など食べさせてあげると、ここは私の心のふるさとだと言って何度も来て声をかけてくれるようになるんだよ！皆でいい、いいと言ってくれると、前は当たり前だと思っていたけれど本当はずいぶんいいところに住んでいたんだと思うようになってね。お父さんは何があっても頑固にずっと自分の田んぼや畑を守ってきたけど最近やっぱりお父さんが正しかったんだと思うようになったよ」と地元農家の小林文重さんは語っておられた。

　都市住民にとって里山はいろいろな意味でかけがえのないものである。景観、環境、ばかりでない。安全な食という意味でも、近隣の里山の食べ物は、信用のある農家のつくった野菜、自分の畑でとった大豆でつくる味噌、農家の庭先の無農薬のゴマなど、最も安全で信頼のおける究極の食である。

　とりわけ東日本大地震を身近に体験してみて、私自身がつくづく実感したのは、いかに災害時に里山の存在がありがたいかということであった。小林さんの家の裏にある湧水の井戸は関東大震災にあっても湧き続け、村の皆が助かったという。文重さんは「何かあったとしても、この村の人たちぐらいだったらこの水と畑の野菜があるから、1カ月くらいなら過ごせるよ」と微笑む。都市

住民にとっても、里山を守ることは自分たちの命を守ることになるのだ。フットパスの活動と共に、私たちの想いは地元の方々に伝わり始めた。里山の価値や重要性を一緒に活動していくうちに次第にわかっていただけるようになったのである。

関東大震災でも枯れなかった湧水の井戸

「多摩丘陵フットパスまつり」を毎年開催するようになって地元の方々の意識は目に見えて変わり始めた。特に、いつの間にか私たちが唱えていたことが、地元の方々の口に乗って唱えられるようになったことには、驚くとともに心から感激した。それだけではなく、地元住民と新住民の間には強い信頼と交流が生まれ、双方に地元への愛情が生まれていた。ひいてはお互いに協働して地元を保全し発展させていこう、というまちづくりへの活気が生まれたのである。

地域の活性化が叫ばれて久しいが、真の活性化とは何か、活性化を起こすメカニズムとは何なのか、なかなか普遍的な答えは見つからなかった。活性化とは博覧会とかテーマパークとかハコモノをつくることではない。自治体に資金を配っても活性化は起こらない。活性化とは、これまでのように企業が進出して雇用が拡大することでもないと思う。

活性化とは、地元の人々がやる気になることなのではないだろうか。地元がやる気にさえなれば市民が動き、自治体が支援し、資金も捻出される。地元にやる気が起きさえすれば活性化は始まるのである。

お金より意識が大事なのである。最初は少なくても地域に落とされるお金は後からついてくる。私は小野路で活性化のメカニズムを目の当たりにした。そして活性化を常に新鮮に保つしくみがフットパスなのである。

布田道と大犬久保との分かれ道5景

大犬久保の谷戸5景

第1章 フットパスとは何か

第2章

各地のフットパス

広がるフットパス

小野路ばかりではない

　私は各地のフットパスを見せていただいたが、そのどれもが素晴らしいものである。それぞれのフットパスのことを想うと豊かなコースやお世話になった方々の顔が浮かび心が温かくなる。歩き終わるとどのフットパスもいつも必ず豊かな気持ちでいることに気づく。何かとても充実した気持ちで旅を終えることができる。それもそのはず、フットパスでは、その地域の方が、ご自分の愛する地域をいかによく見てもらおうかと、苦心惨憺されたコースを、物心共に至れり尽くせりのおもてなしで、ご案内いただくのであるから、不快な旅になるわけがないのである。

　今までの観光コースでは行ってみるとつまらなかったことも多かったと思う。フットパスは来た人を失望させることはない。そしてその上、帰ってきてからも、各地のおいしいものがあたたかな心と共に送られてきたり、その後、まるで親戚のような付き合いが各地とはじまるのである。

　フットパスには実際にどんな効果がどれほどあるのかを、最初に私がご紹介し、次に現場の担当者の生の報告で確かめていただきたい。

　実際にフットパスを実施している自治体で、何を目的としてフットパスを取り入れたのか、何がどこまで、活性化したのかという現場からの報告は、取り入れてみようとお考えになる自治体や地域の担当者の方々にとって参考となるだろう。

　なお、現地からの報告を見て私が想いを強くしたことは、自治体の大小にかかわらず、どの地域にも能力の高い行政職員や市民リーダーがおられることである。フットパスを取り入れた環境や目標は異なっていても、感性や知性、企画力、実行力には学ぶべきことが多い。このケーススタディには間に合わなかったが、協会のフットパス・セミナーで報告をしていただいた鳥取市鹿野町は私たちがフットパスの活動の中で発見したまちづくりのノウハウをすべてそろえている高度なまちづくりを行っていて、参加者の関心を集めていた。日本の中でも小さい県の小さな町で、最先端のまちづくりがこともなげに行われている事実は感動的であった。

私は、フットパスを通して大小さまざまな自治体の職員やリーダーの方々と知り合うことができたが、このような人々に隅々まで支えられている日本は素晴らしい国だと思う。さて、早速個々の事例をもっと詳しく紹介しよう。まず最初は、私のホームグラウンドである町田市からである。

東京都町田市の事例

町田の環境と価値観によって培われた多摩丘陵フットパス

　町田はフットパスによって明らかに活性化した自治体であろう。町田では町田北部の、多摩丘陵の中で最も広範に緑が残る里山地域を北部丘陵と呼んで特別にその環境を守っている。フットパスによって北部丘陵の保全は地元の協力を得られるようになったばかりでなく、新住民と地元との調和が進み行政と住民が協働でまちづくりを行える体制になった。さらに、元は典型的な東京のベッドタウンであり、観光のイメージとはほど遠かったにもかかわらず、フットパスの導入によって今では町田全体が観光でも高い評価を得るようになった。町田市の経済観光部は市役所の中でも最も忙しい部署の１つとなった。

　私は町田が好きだ。私たちは大好きな町田のためになるようにと思ってフットパスを進めてきた。何といっても町田は自分の住んでいるところなのだ。自分の住んでいるところはいいところであってほしい。この情熱が微力ながら町田を育ててきたと自負している。同時に私たちも町田に育てられたと言えるだろう。私たちが生み出した「多摩丘陵フットパス」は町田市の環境と価値観、人柄によって培われたものにほかならない。

　私が今は赤坂アークヒルズとなってしまった住まいから、町田に引越してきたのは1970年のことであった。今考えるとこれは偶然ではなく、町田には何かひきつけられるものがあったのだと思っている。現在の住いを選んだのは母であったが、ここに居を構えることを決意するまでに、田園調布から北鎌倉まで何カ月もあちこちの「ここぞ」と思う住宅地を回ったという。そして町田市の鶴川を終の棲家とすることにしたわけだが、以来、約40年という長い時期を町田で過ごすこととなった。

　住み始めた頃近隣のまちへは尾根の緑を辿って歩いていくことができたと母

は言う。母は父と一緒によく町田市内や登戸や、多摩川沿いのまちまで緑の尾根をつたって歩いていた。その後私までもが緑の尾根歩きに参加するようになり、フットパスに"出会った"のであるが、町田はその頃から緑政には力を入れていた。私はかなり長い間町田市の緑地関係の部署と付き合ってきたが、都市開発が

遠くに見える散在する緑塊は動物のコリドー

行われていた時代ですら、町田の緑政は緑地保全基金の制度をつくるなど工夫しながら、尾根筋の傾斜地を残したり、動物が移動できるコリドーを残すために緑の島をつくったり、地元の農家を回って緑地の物納を推進していた。

　町田市は国から交付金を受けていない数少ない自治体の1つである。隣の相模原市との合併による政令都市への道も、大企業の工場進出も選択せず、落ち着いたベッドタウンとして市民税のみで、知恵を絞りながら市政を運営している。こうしたまちだからこそ、フットパスという考え方が生まれ、続いているのだと思う。

町田の行政

　ときどき私たちはどのように町田市の行政と関わってきたかという質問を受けることがある。今から考えると私は行政を信用してきたのだと思う。父が国家公務員であったので、子供の頃から、役人は自分のこれと思った法案は必死になって努力して通そうとすることを見てきた。よく市役所は、市民がたらいまわしになるとか、市民の提案に及び腰だとか、ことなかれ主義のように言われることが多いが、市役所の職員もこれと思ったときには情熱的に仕事をしてくれるはずだと思っていた。また時代も、市民が異議申し立てをする時代は去り、行政と市民が共に提案し、協働してまちづくりを進めていくパートナーシップの時代に入っていた。

　私が町田市と関わるようになったのは20年ほど前のこと、近くの森の保全運動に参加するようになったことがきっかけである。交渉の相手は都市緑政部長

地元民と新住民そして役所の職員が協働で活動する

であった。気持ちのある方だったのだと思う。「役所の方でも自分が通したいと思う企画のときにはがんばられるでしょう。私たちはこれが大事だと信じているので是非がんばっていただきたいのです」と申し上げると、それ以後、いろいろ相談に乗ってくださるようになった。町田の行政は先輩から後輩と人材育成がきちんとしていて、この部長から関係部署の部長や課長の皆さんを紹介していただいた。

当時の企画部長と企画課長には、以来ずっとフットパスに関っていただいている。この課長が経済観光部長のときにフットパスを起爆剤として観光にほとんど縁のなかった町田に「観光の礎」が築かれたように思う。観光協会もこのとき設立された。

多摩丘陵の環境を扱う北部丘陵整備担当部では、フットパスから農業まで幅広いお付き合いであった。休暇をとって助成金の審査にまで同行してくださった部長もあった。歴代の部長と「緑と農のふるさと」構想や小野路での農業研修プロジェクトなどについて互いに夢を論じ合った。私はフットパスによって小野路に惹き付けられた市民や若い人が農業に関心を持って定住するようになることを提案していた。いま、町田市は全国に先駆けて、市民に農業を教え市の仲介によって地主から遊休地を借り受けて市民に農地を貸し出す「農業研修」事業を行っている。若いファミリーがやってきて専業農家も育っているようだ。

公園緑地課との付き合いは一番古い。フットパスの活動が行えるようになったのも、公園緑地課から「小野路宿緑地」の管理を受託したことに始まる。大

犬久保谷戸にある明るくて美しい宿緑地は、当時の係長は「実は手放したくないなあ」と笑いながら任せてくださったが、その後担当の方々には管理のいろはから道標づくりまで全部教えていただいた。管理器具は全部新品貸与、管理費は慰労の芋煮ぐらいでほとんど何も使うことがなかった。

また、NPO「みどりのゆび」の誕生から今までずっと乳母のように面倒を見ていただいた方もある。当時はNPOの制度が出来始めた頃で行政としても手探りの状態だった。NPOの定款をつくる時にも一から十までお世話になった。市を一度通過する助成金のために新しい条例もつくってくださった。その方は定年退職した今も私たちの管理活動に参加してくださっている。

ご自分の住んでいる津久井の里を案内し、自宅にまで呼んでくださった課長もおられた。そのおかげで、南高尾まで繋ぐいいルートが発見できた。

経済産業部産業観光課の仲間は戦友だった。「日本フットパス協会」の設立の際には、産業観光課では、若い女性まで含めて毎日徹夜の作業が続いた。若いスタッフが体を張って「日本フットパス協会」の設立総会の準備に取り組んだ。オープニングイベントとして開催した小野路のフットパスまつりの準備にも、若い男性職員が何時間も服を水浸しにしながら、10樽ものもち米研ぎを手伝われていたことが今もまぶたに浮かぶ。

町田市の職員は、休日にも市民活動にボランティアとして参加することが多い。成熟社会を迎え、最近の自治体職員と市民の間にはこういった本当の意味の協働の機会が増えてきているようであるが、町田は昔からこういう風土であったように思う。机の上ばかりではなく現場に出向き、市民と共にどっぷり働く職員には信頼を感じる。このような町田だからこそ、景観資源も保全され、人々が大事にしているのだ。まさに、フットパスの活動は町田では、起こるべくして起こったともいえよう。

そして極めつけは、町田市の市長に「日本フットパス協会」の会長をお願いできたことである。石阪市長

石阪市長のご挨拶

は、日本野鳥友の会のメンバーであり、子供たちのレンジャーもされていたそうだが、フットパス・ウォークにも望遠鏡をご持参で鳥や草の名前などを気さくに教えてくださる。副会長には、甲州市、長井市、黒松内町の理事者の皆様になっていただいた。行政の方々に理解のある方が多かったこと、人に恵まれたこと、そして大きな後ろ盾を得られたことは、日本のフットパスにとって幸運なことであった。

活性化に成功

　町田市では、フットパスによるまちづくりの効果が、いくつか顕著に表れている。

　まず、第1に、フットパスの現場である小野路で、小野路宿まちづくり協議会というNPOが小野路の地元民によって結成され、小野路里山交流館の設立、運営に携わることになったことである。最初は一部で始めたことが、成功して全体に活かされるようになり、小野路全体が恩恵を受けるようになったのである。交流館では、地粉の小野路うどんが500円、地元の芋でつくったコロッケが100円、有機栽培のコーヒーが福祉作業所でつくられたマドレーヌとセットで350円、というように手軽な値段で小野路の味を楽しめるようになっているが、その調理に小野路の多くのお母さんたちが今は関わるようになっている。地場の野菜や、はんてん、バッグなどの手づくり品が店先に並び、私たちのマップや地域の情報も得ることができる。顧客数も最初は1日20名もくればと考えていたらしいが、これまでのところ平均150名、多いときには400名もあるという。これから地元民のいろいろな夢がこの交流館で実現されていくことであろう。

　第2は町田観光のデータである。町田ではフットパスによって観光面が目立つようになってきた2009年に観光客数等実態調査を行っている。これによると、観光客数は350万人、消費額は9億、そしてリピート率は81.7％という高い数字が出ている。小野路のいい印象に裏打ちされて、次第に町田全体の印象が、何度も訪れたい"いいところ"という印象に高まってきたのだと思う。

　そして、最後に大変驚くべき大きな効果が現れたのだ。

　町田経済新聞（宮本隆介編集長）2012年4月1日号の紙上で、リクルートが

運営する不動産・住宅サイト「スーモ」が3月14日に公開した「2012年版住んでみてよかった街ランキング」で、「町田が総合第4位に躍進」したという記事が掲載された。

　調査は、インターネット上のアンケートによって関東1都6県に住む、シングル、共働きカップル、ファミリーから2,000人強の有効回答を得て、関東圏300近くの街の中から「住んでみたい街」「住んでみてよかった街」のランキングを行ったものである。ちなみに「住んでみたい街」は1位　吉祥寺、2位　横浜、3位　自由が丘、4位　鎌倉、5位　大宮。「住んでみてよかった街」は1位　横浜、2位　吉祥寺、3位　中野、4位　町田、5位　三鷹であった。町田はこのほか、「買い物・生活に便利な街」3位「交通アクセスの良い街」6位「子育て環境の良い街」4位「自然があふれている街」5位「落ち着いて暮らせる街」10位「これから先、人気が出そうな街」5位とテーマ別ランキングでも上位を占める。

　行政区データも付加されている。人口、子育て環境、安全・治安、商業施設、物価・公共料金、健康・医療、行政基盤、教育環境、住宅、共用施設、産業、高齢者福祉、土地利用形態の13分野70項目ほどに分類されている。町田が上位を占めている項目を挙げてみると、人口増加率（7/239位）大型小売店（14/239位）百貨店（13/239位）保育所（18/239位）納税義務者1人当たりの課税対象所得（22/199位）労働力人口（19/239位）財政力指数（17/171位）図書館（27/239位）都市公園数（11/214位）老人ホーム（14/239位）などである。町田市民の年代構成（20歳未満〜60代）や、家族構成（シングル、カップル、ファミリー、シルバー）のデータも掲示されているが町田の場合には、だいたいきれいに均等化されており偏りがない。これらのデータを眺めていると町田がどのような街であるか、どのような街が市民から望まれる街なのかが浮かんでくる。

　このような分類やデータはまちの活性化を測る、いい指標である。町田が「住んでみてよかった街」4位になった理由は、「都心からはやや離れているが、駅前は若者向けの巨大商業施設が立ち並び、駅からすぐに広い公園もある。少し離れれば里山もすぐで、老若男女さまざまな世代に寄り添うインフラの良さが魅力。都心に比べて格段に充実しているバスの便や、車の移動に便利な横浜

第2章　各地のフットパス

町田I.C.もあることから、特に共働きカップル＆ファミリーで大きく票を伸ばした」ということであった。

この結果はどれほど町田の人々に自信をもたらしたか計り知れない。

成熟社会の地方都市モデル

私は町田市の場合、フットパスによって最も活性化したのは、町田の文化だと思う。町田がどのような文化を持っているのか、町田市民はどのようなまちに住みたいのかがはっきりしてきたのである。自分のアイデンティティを理解し、それを明確に広報できるまちにはそれを目指して人が引き寄せられる、そのようなまちには後から次第にお金が落とされていくのである。

町田の人たちは穏やかな人たちである。あちこち歩いてみてしみじみ実感したことは、八王子から横浜までの"絹の道"の通り道であったからか、町田は昔から豊かな土地柄で、人々も満ち足りて過ごしていたのではないかということである。農家や寺社など「トイレは自由に使っていいですよ」と、ゆったりとした応対のところが多く、人柄のよさを感じるのである。

町田では、皆落ち着いた町に住みたいと思っている。以前アンケートで市民は40万人以上にならないで欲しい、政令都市にもなりたくない、それより落ち着いた社会に住みたいと望んでいるという結果が出たことがある。落ち着いたまちであるので豊かな感性も生まれる。人の暖かな交流も自然と生まれる。市民が市から委託を受ける機会も多く、協働がよく進んでいるので、40万人都市でNPOが190近くある。

フットパス祭りでのウォーキング　　にぎわう地元の産物の販売会

実は、世界的に有名になった「ポケットモンスター（通称：ポケモン）」も町田で育った。私はポケモンがこうも世界中の人の気持ちを引きつけるのは、同じバトルであってもどこか愛情が感じられる、その優しさにあると思っている。

　原作者の田尻智さんは少年時代を町田市で過ごし、昆虫をはじめとした生き物の観察や採取が大好きなクラスで一番の「昆虫博士」だったそうである。この時の経験が、ポケモンをつくる上で大きな力となったと後に語っておられる。優しいポケモンの原型は町田の動植物だったのかもしれない。

　町田市はふだんあまり目立つことのないおとなしい自治体であるので、町田の住民のほとんどが、かなり町田での暮らしに満足していて、町田を大変気に入っているということは案外知られていない。都心や成城学園などさまざまな場所で住まいを見てきた、目の肥えた私の妹がやっぱり「町田は住みいい」と戻ってきたのだからこれは間違いない。

　今、町田を第6の山の手とも言う人があるそうだが、ある意味では現代の最高の暮らしを提供してくれるところだと私は考えている。人は穏やかで民度が高い。近場に新宿、横浜、町田、新百合ヶ丘等々、大・中商業圏をもつ一方、多摩丘陵の自然や景観がすぐ側にある。緑豊かで健康的な生活を享受できる。それだけでなく、自分たちの目で確かめて生産者から安全な食べ物を得ることができ、物価も安い。

　町田を想うとき、私はこういう都市がこれからの日本の理想の都市ではないかと思う。このようなまちが地方で目標にしやすいまちなのではないかと思う。普段は緑と教養豊かな生活を送りながら、近場の商圏で都市的な楽しみを得ることができる。東京に行かずとも都市的な楽しみが得られれば、環境の魅力を感じて地域にやってきた若い人にも、都市的な生活も味わいたいときに、息抜きの空間となるであろう。

　このような商業都市を再生するチャンスもフットパスはもたらすかもしれない。その商業都市も、東京のコピーではなく、それぞれがその地域らしい魅力と個性をもつことになれば、日本全国が再生すると思う。

　それぞれの地元が求めるような都市をつくれば、無理なく個性的ないい都市ができる。暮らしやすいまちは案外手に届くところにあり、そのようなまちが

①参拝者に優しい簗田寺／②フットパスの途中でカブトムシをゲット
③たんぼには生き物がたくさん／④田尻智　ポケモンを創った男

日本全国に広がってほしいと願っている。
　それでは、私の町田に関する分析はここまでとし、次にいきいき健康部（元町田経済観光部産業経済課）の唐澤氏から見た「町田市のフットパス」について読んでいただこう。先にも述べたが、観光課は現在最も忙しい部署の1つである。

東京都・町田市

町田市のフットパス

唐澤祐一（からさわ・ゆういち）
1968年生まれ、町田市文化スポーツ振興部 文化振興課長。
2010年〜2011年経済観光部産業観光課観光担当係長としてフットパス振興を担当。

　もともと町田市は、観光には全く縁がなかったが、フットパスを導入して以来、町田市の美しい里山や緑、そしておっとりした風土が浮き彫りに、観光面でも多くの人が来るようになっている環境保全をも実現したフットパスの事例は多くの人々に参考にしていただけるであろう。

　町田市では里山ウォークだとか里山ハイクという言葉を使わずに"フットパス・ウォーク"という言い方をしている。フットパスを単なる山歩き、まち歩きとは違うものと捉えているからである。

　初めのころはフットパスという耳慣れない言葉に戸惑いもあったが、最近では少しずつ浸透し始めてきたように感じている。

　本稿では、町田市がNPO法人みどりのゆびと協働して取り組んでいるフットパスを通した地域活性化の取り組みを紹介するとともに、そこから見えてきた課題、今後の展望などについて述べる。

フットパスを通じた里山の保全

　町田市は東京都の最南端にあり、境川を挟んで神奈川県に接している。JR横浜線と小田急線が交差しているという交通結節性の高さから、町田駅周辺は古くから多くの商店が軒を連ねている。また、小田急百貨店、東急TWINS、丸井、ルミネなど大型店も多く進出し、近隣では最大の商業集積を誇っており、"商都まちだ"というような言い方をされることもある。また、日本の高度経済成長に合わせて、昭和30年代後半から爆発的な人口増加が始まった。多

くの山林や田畑が宅地化され、典型的な都心のベットタウンとしてのまちの姿が形づくられていった。現在もわずかながら人口増加は続いている。

　このように町田市は商業都市、住宅都市という顔を持つ一方で、多くのみどりが残されている。町田市では急速な宅地開発が進む中、少しでもみどりを残していきたいという政策をとってきた。その結果、住宅地の中にも植樹帯や公園が多く、少し足を延ばせば保全緑地や大規模な緑地公園などがあり、身近なところで緑に触れられるまちになっている。

　特に、小山田地域や小野路地域には里山と田畑が織り成す"多摩丘陵の原風景"とも呼ばれる景観を見ることができる。この小山田と小野路は、かつて都市基盤整備公団による大規模な土地区画整理事業が計画されていた。バブル期以降の景気後退の影響でその土地区画整理事業が破綻し、公団が買収した田畑や山林がそのまま手付かずの状態で残されてしまった。その後、この公団が買収した土地を町田市が取得し、市の事業として里山の農とみどりを活かした新たなまちづくりが検討されているところである。

　この里山の農とみどりを活かしたまちづくりを進めていく上で、フットパスが重要な役割を果たすものと考えている。フットパスには単に野山や田園地帯を歩くこととは違った意味を持つものと捉えている。フットパスを巡り、歩くことで、その地域の歴史や文化、自然や風景といった地域の魅力に触れ、それらを守り、将来に残していくことの大切さを多くの人に理解していただきたい。農地や里山を保全していくことについて個々が考えることが、運動へとつながっていく。さらに、地域の方々が、日頃慣れ親しんだ里山の風景が持っている価値を改めて認識し、地域のことを誇りに感じていただけるようになれば、本当の意味での農と里山のみどりを活かしたまちづくりが可能になっていく。つまり、フットパスを広めていくことが、農と里山の景観を守っていくことにつながっていくのである。

これまでの取り組み

　町田市におけるフットパスの取り組みについてご紹介させていただく。もともと環境保全活動に取り組んでいたNPO法人みどりのゆびが、イギリスのフットパスを知り、その環境保全活動の中にフットパスの考え方を取り入れてい

った。独自にフットパスルートマップを作成したり、フットパスウォークイベントを開催したりしていた。このNPO法人みどりのゆびが、町田市が進めていた里山の農とみどりを活かしたまちづくりにも活かせると考え、町田市に対して協働して取り組みを進めようとの提案がなされた。

　町田市としても、市が考えている里山の農と緑の保全やまちの魅力発信につながるものと考え、協働して取り組みを進めることとなった。

フットパスガイドマップ

　具体的取り組みとして、まずはフットパスガイドマップを紹介する。2009年に『まちだフットパスガイドマップ』を発行し、続いて、2011年には『まちだフットパスガイドマップ2』を発行した。これも市内全域を対象に計22のコースが掲載されている。ガイドマップの中ではコース絵図のほか、コースの説明や周辺のみどころ情報を掲載している。里山や公園など自然に触れあうことができるコースだけでなく、中心市街地の繁華街を巡るコースもある。街中の賑わいや商店街の街並みも1つの地域の魅力であると考えている。コース絵図も水彩画を基調としており、なかなか趣のあるものとなっている。

　このフットパスガイドマップの制作における事業フレームに少々特徴がある。まずコース開発をNPOが町田市から請け負う形で行う。NPOがコースの実地踏査や取材等を行い、成果品としてコースマップとコース解説がまとめられる。このコースマップやコース解説を出版権の有償貸与という形で町田市からNPOが借り受けて、NPOが出版主として自らの費用で発行し、販売する。この事業フレームでは、出版物の制作にかかるコストは行政側が負担するが、売れるか売れないかのリスクはNPOが負っている。売れればNPOの儲けとなり、売れなければ損となる。NPOの努力次第である。行政が過度な財政的負担をすることがなく、NPOとしても自らの経営努力の結果が利益となる。市民協働といっても、行政からの財政負担なしには立ち行かないものが多い中、お互いのリスクをうまく配分

フットパスガイドマップ

里山の風景　　　　　　　　里山のフットパスルート

した新しい市民協働の形といえるのではないかと考えている。

　このガイドマップに続いて行わなければならないのが、現地でのルート表示である。つまり案内板や道標の設置である。町田市では、2009年からフットパスの案内板、道標の整備を開始した。全22コースあるので、全てのルートの整備が完了するには、年数がかかるものと思われるが、毎年少しずつでも整備していく予定である。

日本フットパス協会

　日本フットパス協会の設立にも中心的な役割を担った。イギリスのフットパスを思えば、その取り組みが町田市だけにとどまっていては意味が無い。何れは、日本全土にフットパスが網の目のように広がり、多くの人が巡り、歩くようになれば、日本の新しい地域振興の形が創れるのではないかと考えている。そのためには、さまざまな地域と連携し、フットパスの輪を広げていかなければならない。すでにフットパスを活用したまちづくりを進めていた北海道黒松内町、山形県長井市、山形県川西町、山梨県甲州市、さらにはNPO法人みどりのゆびとの連携により準備が進められ、2009年の2月に設立された。

　会長は町田市の石阪丈一市長が務め、一般社団法人町田市観光コンベンション協会（山本登会長）が事務局を担っている。現在（2014年4月）では全国の43の団体・企業・個人が加盟している。また、フットパスの母国であるイギリスのナショナルトラストとも関係が構築できており、今後さらなる発展が期待されるところである。

見えてきた課題

　町田市のフットパスルートの多くは、市街地の路地や里山の赤道などに設定されている。住宅地を抜けていくコースもある。そうした小道の方がよりまちの魅力を感じられるからである。

　しかし、そのような道は生活道路や農道、地元の人のみが知る散歩道である。つまり市民の生活の場であり、営みの場であり、憩いの場である。そのようなところに外から多くの人が訪れることになり、いわゆるオーバーユースや観光公害といわれる問題が発生しつつある。

　先に述べたように、町田市ではフットパスを巡り歩くことでその地域の魅力に触れ、地域のことを深く理解し、そのまちの魅力や豊かさを将来に渡って守り、育ててゆく取り組みにつなげていきたいという理念がある。単なる、まち歩き、里山歩きにとどまらないものである。しかし、前述のように結果として地域に対してご迷惑をお掛けしてしまうジレンマを抱えている。適切な誘導、ルール・マナーの啓発、トイレや休憩所の整備など受け入れ環境を整えていくことが大きな課題となっている。

　また、町田市で考えているフットパスはイギリスのように土地の所有者に対し歩く権利を主張していこうというものでもない。逆に、地域と深く連携し、

小野路宿里山交流館

布田道の桜（下堤）　　　　　　　新撰組も歩いた切通し

協力し合える関係をつくっていくことも大切であると考えている。地域住民、農家、ショップや飲食店の方など地域の方に受け入れられてこそ、フットパスは成立する。

　2013年9月、市内の小野路町にある宿通りというところに、旧民家を改築する形で小野路宿里山交流館がオープンした。建設計画の検討にあたっては幾度となく地域の方との意見交換を重ねた。従って、観光地にある道の駅や観光センターなどとは少し違った趣を持った施設となる。小野路地域を訪れる方と地域の方との交流の拠点として、来訪者に対する適切な案内、地域の歴史や文化に関する情報発信などが主の事業となる。特に、里山を歩く上でのルール・マナーの啓発活動は重要な取り組みとなる。また、地元農産品や加工品の販売なども行っている。しかし、それ以上に、里山の自然を将来に受け継いでいくことの大切さを伝えていくことが重要な使命となる。この施設をフットパスの理念にもかなうものとしていきたいと考えている。

今後の展望

　以上のように、町田市でのフットパスの取り組みは集客拡大を見越した物見遊山的な観光とは一線を画したものである。フットパスを歩くことで町田市のさまざまな魅力に触れていただきたい。里山フットパスを歩けば、そこで行われている里山保全の取り組みの尊さを理解していただけるはずである。まちなかフットパスを歩けば商店街の活気を感じていただけるはずである。今後もフットパスがこのような町田市のよさを将来に残していくことにつながるよう取り組みを進めていくつもりである。　　　　　　　　　　　　　　　（寄稿了）

では、町田の次に山梨県甲州市勝沼町の事例を紹介しよう。

山梨県甲州市勝沼町の事例

東京より都会的な感性を持つ商売人

　勝沼ぶどう郷駅を降りると、あたり一面ぶどうの木で覆われた風景が広がる。裏庭にもすきまなくぶどうの木である。遠くに目をやると名にし負う扇状地の山すそが広がる。

　勝沼のセンスのよさは昔から並ではない。明治時代には早くも村民をフランスに送り出して本場ワインをつくり始めたという。新宿では公営レストラン『カーヴ　ドゥ　カツヌマ』というしゃれたアンテナショップを経営したり、勝沼ぶどう郷にあるゴージャスな公営企業「ぶどうの丘」では、試飲用容器タートヴァン1,100円による約180種類の試飲を行っている。本来ならばぶどうとワインと観光で十分潤っているはずの勝沼だが、フットパス担当の三森さんは、この何年間かぶどうの価格が据え置きになっていて収入が先細りするのを案じておられた。そこで何かいい手段をと探しておられるときに目を付けたのがフットパスだったということであった。小野路のフットパスの視察に最初にきてくださったのは三森さんだった。町田と勝沼は新撰組が甲陽鎮撫隊として出向いたなど、歴史的繋がりも深く、フットパスは古い縁も繋ぐのだと感慨深かった。

　勝沼のフットパスはやはりぶどうやワインと切り離せない。一番

昼食はワインやチーズ、パンでフランス風

どこまでも続くぶどう棚

最初につくられた勝沼のフットパスは、中央本線旧大日影トンネルコースである。明治時代にはここを通ってぶどうやワインが八王子や東京に輸送され、地域の経済発展に大きく寄与した。その後、複線化され新大日影トンネルにとって代わられて、古い大日影トンネルは役目を失った。しかし三森さんたちは、このトンネルを勝沼の歴史を象徴するフットパスとして、再び命をふきこんだのだ。

　今では鉄道マニア垂涎のメッカとなったばかりでなく、甲州市の管理するワインカーヴに転用されたりするなど、多くの人の注目を集めている。

　この三森さんの活動をしっかりと支援しているのは「勝沼朝市会」を早くから立ちあげてきた高安さんである。高安さんは地元の農家と新住民を朝市という形で繋ぎ、まちづくりの先陣をきって活動してきた。

　勝沼フットパスでは、フットパスの最後の楽しみとして、高安さんとお仲間でワインとそれに合うつまみを何種類も提供してくださる。これが、本場フランスに負けないほど旨い！

　しかし、これに負けていないのが勝沼伝統の「和食」のおもてなしである。大日影トンネルを出たあたりには、深沢という山間の集落がある。現在では、古民家の縁側を開放し、地元料理やお茶を出してくださったり、古民家の中を見せてくださったりする「縁側カフェ」として訪問者を楽しませている。

　縁側カフェには三枝貴久子さんやそのお仲間が住んでおられるのだが、以前は東京の広尾など中心部に住んでおられた方々もいらっしゃって、私のような

「やまいち」でのおもてなしを田辺甲州市長と

町田人などよりはるかに都会的である。民家にはそれぞれ屋号が付いていて、三枝さんの「やまいち」ではこの山沿いの土地ならではの工夫に満ちた伝統料理を、テーブルに溢れるほど出してくださる。特に面白いのは赤飯で、甲州では甘納豆を入れるので、甘いお赤飯になっている。この縁側カフェのおかげで勝沼フットパスにこられるお客さんが、ぐっと増えたという。

フットパスに関心を持つ自治体は発信力のあるところが多い。甲州市のマスコミ対応は非常に上手い。甲州はよくNHKの特集に登場するし、勝沼フットパスも何度もテレビ取材を受けている。また実行力もある。2011年1月に「日本フットパス協会」の副会長である甲州市長がロンドンに出張された際には、英国「ナショナルトラスト」から紹介された「ウォーク・イングランド」会長ジム・ウォーカーさんとの間で、姉妹団体として協力していくことも約束された。

この甲州市の広報力、企画力は日本だけでなく世界中のほかのフットパスと繋がって日本に新しい活性力を生み出すに違いない。私たちも一緒に東京で新しいプロジェクトを立ち上げようと企画しているところなので楽しみにしていただきたい。

それでは、甲州市の三森氏の報告をご紹介したい。

フットパスが多様な人々を同じプラットフォームの上に引き込む力があることを最初に気付いたのは三森さんであった。「フットパスには魅力ならぬ魔力がある」として、フットパスに期待されている。

「ウォーク・イングランド」会長ジム・ウォーカーさんと記念撮影

ロンドンのランベスブリッジに埋め込まれたフットパスサインの説明を受ける

山梨県・甲府市

ぶどうとワインのまちのフットパス
——甲州市勝沼町

三森哲也（みつもり・てつや）
1955年山梨県勝沼町（現甲州市）生まれ。2006年～2009年の間、甲州市役所で近代産業遺産整備事業を担当。中央線の廃線トンネルや明治期のワイン醸造場などの復元整備に携わるとともに、住民有志と一緒に遺産を巡るフットパスのルートづくり取り組む。現在「勝沼フットパスの会」の事務局を務める。

景観や産業遺産など、貴重な地域資源を活かしたい

　新宿から中央線の普通電車を乗り継いで2時間余り、いくつものトンネルを抜けると、南アルプスの山並みを遠景に、ぶどう畑の景色が一面に広がります。甲府盆地の東の玄関口に位置する甲州市は、日本のぶどうとワイン産業の発祥地です。また武田家ゆかりの史跡や、大菩薩嶺をはじめとした山岳景観など、豊かな歴史や自然に恵まれたまちです。人口3万人余りの、このまちでは、今、歩くことに着目したまちづくりが進められています。

　「ある～く・こうしゅう」と銘打って、観光はもとより、健康づくりや生涯学習など、設定されたフットパスルートを活用して、さまざまな取り組みが行われています。

　甲州市では2005年の合併以前から、旧市町村ごとに散策コースを設け、ウォーキングによる観光振興に取り組んでいました。フットパスという言葉を使い始めたのは、旧勝沼町で合併前から活動していた「まちづくりプロジェクトチーム」でした。このチームは、景観形成や近代産業遺産の活用を軸に、地域の活性化策を考えてい

名産の甲州ぶどう

こうと、行政から委嘱された住民の集まりでした。メンバーは20人ほど、職業は農家、醸造家、教員、会社員などさまざまでしたが、共通しているのは、地域を何とか元気にしていこう、という熱い気持ちでした。都市計画マスタープランや景観形成のガイドライン、近代産業遺産の活用プランなど、大学の先生や学生の皆さんととともに、策定作業を進めていく過程で知ったのが「フットパス」の存在でした。関わっていたプランナーから町田市の活動を紹介され、視察に出かけて活動を見聞きするうちに、勝沼にも『フットパス』をつくろうという機運が盛り上がってきました。

当時、私は行政の担当者として、景観や近代産業遺産など、固有の地域資源の活用をどのように進めていこうか、悩んでいたときでもあり、「これは理屈抜きにおもしろい」と飛びつきました。明治期のワインセラーや醸造所、廃線になったレンガ造りの鉄道トンネルなど、点在する遺産群を有機的につなげていく散策道として、フットパスという言葉には新鮮で魅力的な響きがありました。その概念や手法は、成熟化社会のツーリズムとして最適なものではないかと直感しました。景観形成を進める手段として、産業遺産というハードを生かすソフトとして、フットパスは有効だと考え、プロジェクトチームで取り組みを始めました。チームのメンバーも、「まち歩き」による調査を繰り返しており、歩くことの重要性を認識していましたので、フットパスの意義や楽しさをすぐに理解して、フットパスと出会った翌年、2006年には、「勝沼フットパス・お試し歩き」というイベントを企画、運営するまでになりました。その後、プ

①ぶどう畑の紅葉。周辺は勝沼フットパスのコースとなっている
②農家の軒先を利用した縁側カフェは、静かな人気を呼んでいる

ロジェクトが終了してから、翌2009年にはプロジェクトチームのメンバーが中心となって「勝沼フットパスの会」を結成、以後、市民主体で活動を続け、現在に至っています。

ぶどう畑の小道やワイナリーを巡る

　甲州市勝沼町は、ぶどう1300年、ワイン130年余の歴史があり、ぶどうとワインにまつわる伝説や史跡などもたくさん残されています。勝沼フットパスの魅力の第1は、やはりぶどうとワインでしょう。ぶどう畑の間を抜ける小道や、点在するワイナリーを巡るフットパスは、勝沼ならではのコースです。勝沼町内には観光ぶどう園が約130軒、ワイナリーは大小合わせて30社あります。国内のワイン生産量の20％〜30％を醸造しています。半径500メートルの範囲に10社ほどのワイナリーが集積しているエリアもあり、歩いてワイナリー巡りができる全国でも唯一の地域です。

　フットパスのルート上に、その土地固有の物語があると、さらにフットパスは輝いてきます。勝沼のワイン産業の歴史には2人の青年の話があります。明治10年（1877年）、日本で初めてのワイン醸造会社が勝沼で設立され、高野正誠と土屋助次郎（後に龍憲）という2人を本場フランスに留学させました。2年後、栽培や醸造を実地に学んで帰国した彼らによって、産業としては初めてのワイン造りが始まりました。勝沼フットパスの「ワインの歴史コース」には、ワイン会社の跡や土屋龍憲が造ったレンガ積みのワインセラー、最初のワイン会社を引き継いだ宮崎醸造所の遺構をはじめ、地場ワイナリーが軒を連ねています。各社で試飲も楽しむことができる、国内でも珍しいフットパスコースです。

　ぶどうとワイン産業の発展に貢献した鉄道遺産群は、JR中央線の勝沼ぶどう郷駅周辺に残っています。廃線トンネルを利用した大日影トンネル遊歩道や、勝沼トンネルワインカーヴなどは、当初の使命を終え、散策道やワイン貯蔵庫として新たな役割が与えられ、今なお現役の施設として、地域の活性化にひと役買っています。これらの遺産群を結ぶ「鉄道遺産コース」は、鉄道ファンでなくても、楽しむことができるコースです。

　勝沼はまた、江戸期には甲州街道の宿場町として栄えた歴史もあります。

「甲州街道勝沼宿コース」を歩くと、街道沿いに点在する千本格子や蔵の家並みに、往時の面影をしのぶことができます。

このほか、勝沼フットパスのルートには、ぶどう栽培発祥の伝説を秘める奈良時代創建の国宝大善寺や、11の寺院が石畳の道の両側に並ぶ等々力寺町、武田信玄の一族が館を構えた勝沼氏館跡など、古代から中世、近世、近代と各時代の遺構が残っています。

本家イギリスのフットパスは、田園地帯や森林、湖沼地帯を歩くというイメージであり、国内では北海道や東北地方のフットパスが、それに

長さ1.4キロの廃線トンネル遊歩道

近い展開をしていると思います。しかし勝沼のフットパスは、ぶどう畑の間の小道や、甲州街道、ワイナリーを巡る道など、一般的なフットパスのイメージとは異なるフットパスです。自然や景観だけでなく、地域の歴史や産業、人情など、固有の風土文化を丸ごと体感してもらおうというところに、大きな特徴があります。私は常々「勝沼フットパスは、イギリスの直訳ではなく、大いなる意訳をした勝沼流のフットパスです」と、視察などで訪れる皆さんに話しています。フットパスには、別に決まったものはなく、地域ごとに異なるフットパスがあってよいのだと思います。違いは個性であり、魅力だと考えています。

ワインツーリズム、縁側カフェ、朝市との連携など、うれしい波及効果

最近「協働」という言葉をよく耳にしますが、フットパスの活動は、市民と行政の協働態勢があると長続きすると思います。勝沼フットパスの場合、行政が遊歩道やサインの整備、検討会の開催など、まずきっかけをつくり、実際の

活動は市民が担っています。勝沼フットパスの会は、行政から補助金をもらわずに、年会費とイベント参加費で自主運営をしています。ただ常設の事務所はないため、イベントのPRや参加申し込みの受付などは、行政の協力を得ています。

農村部には珍しい寺町には11の寺院が集まる

現在の会の取り組みは、毎月第1日曜日に開かれる朝市の会場を基点に、ガイドツアーを開催するほか、年に1回、100人規模のガイドツアーをウェルカムツアーと銘打って食事付で行うほか、県外から研修や視察で訪れる皆さんの案内もしています。

朝市会メンバーがウェルカムツアーで食事を提供

食文化との結びつきは、フットパスにとって重要な要素です。取り組みの過程で、当初は想定していなかった、うれしい波及効果がありました。1つは「ワインツーリズム山梨」という新しいイベントとの連携です。2008年に市内外の有志の青年により始められたイベントで、秋の一日、ワイン産地に循環バスを走らせ、ソムリエや専門家が案内するワイナリーツアー、フットパスコースを巡る歴史ツアー、朝市会の出店など、ゆっくりとワイン産地を楽しんでもらう企画です。実行委員会の一員として、フットパスの会も参画しています。また、縁側カフェの出現もユニークな取り組みです。フットパスの沿道にある民家の縁側で、訪れる人々を地元の食材でもてなすもので、静かな人気を呼んでいます。月1回の勝沼朝市との連携も、朝市に文化的な厚みを加えるとともに、200店を超す市の賑わいをフットパスツアーの参加者が楽しめるなど、双方によい効果をもたらしています。

ぶどう畑を見渡す

社会の成熟度に比例して、広がる活動の輪

　フットパスを歩くと、地域の歴史や文化、自然、環境、人情などが立体的に見えてきます。景観保全や地域振興など、地域住民のまちづくりの機運を醸成していくためには、シンポジウムや講演会の開催も大切ですが、まずはフットパスを歩いた方が、効果があるかもしれません。また観光面でも期待が寄せられています。観光で訪れる皆さんのニーズは大きく変化し、「学び、健康、経済性」と、"三拍子揃った"フットパスは、これからの観光の主流になっていく可能性を秘めています。このようにフットパスは、内外両面において活性化への貢献が期待できます。展開の仕方によっては、まちづくりの起爆剤となる効能があるかもしれません。「ゆっくり、静かに、着実に」、フットパスを通じた活動の輪は、社会の成熟度に比例して、これからも広がっていくものと確信しています。

　（寄稿了）

山梨県北杜市甲斐大泉の事例

ヨーロッパ風赤松林フットパス

 甲州市ばかりでなく山梨県は活発なまちが多い。フットパスにも関心が高い。その1つ北杜市甲斐大泉では「ふっとぱすをつくる会」という団体が草の根的に地道な活動を広げている。代表の高木さんは「日本フットパス協会」が設立される以前から、私たちのところに何度もいらしてフットパスをつくりたいと熱心に語ってくださった。高木さんたちはこの地域が好きで外部から大泉に移り住んでこられた方たちである。八ヶ岳の南麓にあるこの美しい地域を広くに知ってほしいとの願いを込めてフットパスを何コースもつくられた。

 一度伺わせていただいたが、ここのコースはヨーロッパ風な赤松やカラマツの林と、日本の里山と家屋が見事な対照をなしていて印象的で美しい景観であり、マップも正確で美しく高度にできあがっていて一人で安心して歩ける良いマップである。

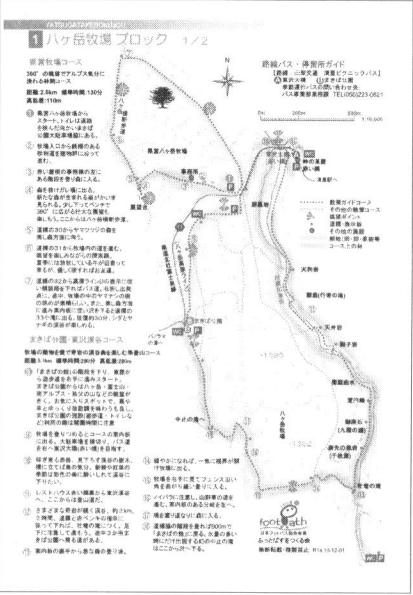

「ふっとぱすをつくる会」のマップ

ここはまだ行政が前面に出てきておらず、市民の手づくりの段階であるが、将来性は大きいと思われる。なぜならば、大泉の隣は清里というすでに、観光まちづくりで成功した地域であり、その影響を良い意味で受けた大泉は、一帯の民度や商業感性がすでにあがっている地域だからである。
　お昼のお弁当も一見なにげないが、地元の新鮮な野菜など食材の旨みが上手に引き出されていて大変おいしい。
　土産物屋にもよってみたが、産物の選び方からパッケージまで商品つくりがあかぬけていて、思わずたくさん買い込んでしまった。森の一角にある蕎麦屋のたたずまいなど、ちょっとしたところに軽井沢や清里のような雰囲気が感じられ客を飽きさせない。高木さんたちのような熱心なNPOの存在、垢抜けたセンスとそれを育てる風土があれば、フットパスの開発や浸透も早いに違いない。また、経済効果も清里に近いことからいずれは追随できるようになると予測されて、非常に有望なフットパスである。
　それでは、次からは山形県長井市のフットパスについて触れていく。

山形県長井市の事例

最上川ロングトレイル
　長井市を訪れると私たちが忘れていた日本の本来の美しさを思い出す。世界に誇る日本の国民性の原点が東北にあることをつくづく感じさせる。川を家中に取り込んだ商家や伝統を残す建造物、品位のあるまちなみ、最上川の本物の自然の凄さ、いぶし銀のような盆地の景観などだけのことではない。少々口が重く表現は下手かもしれないが、溢れるような厚意のおもてなしや、しみじみと伝わってくる誠実さは、日本が最も世界に秀でる価値であると思う。世界中の人々が東北や日本を応援したくなる国民性の原点がここにあるように思えるのである。
　長井市は最上川沿いに古くから開けた商業のまちである。最上川以外に飯豊(いいで)連邦から流れる白川、朝日連邦からの野川、など水系が多い。川はまちの商家の中まで引き込まれ、洗い場など生活に活かされていて、このまちが豊かな川から受けてきた深い恩恵が偲ばれる。長井のフットパスは、当時建設課課長だ

った浅野さんが、イギリス滞在中にフットパスの魅力にとりつかれた国交省山形河川国道事務所長と一緒に、英国の川に沿ったロングトレイルをモデルとしながら整備したものである。
　長井市だけでなく近隣の都市のフットパスを繋いでロングトレイルとして楽しめる「最上川フットパス」構想がこうしてつくられた。
　最上川には"本物"の素晴らしさがある。大きく豊かな最上川の表情は地域によって七変化である。あるときは芭蕉の句のように大きく荒々しく、あるときは水面鏡のように和ぎ、あるときは段々畑の水源に形を変え、さまざまに変わるのが醍醐味である。
　このほかに白つつじやあやめなど「水と緑と花のまち、ながい」というPRの通り、花をめぐるコースがある。単に"白つつじ"といわれてしまうと「なあんだ」という感じであるが、実際に古くは850年もの年代物を交えて私たちの背丈ほどある大つつじが何百本と植えられているのを見ると、何事も控えめな表現の東北の、実はすごい奥深さをしみじみと感じる。
　また、長井の古いまち並を見る「みずはのみち」コースには、最上川で勢力を誇った商人のおもかげが今でもはっきり残る。また私が楽しみにしている開発中のコースは朝日連邦の中に直江兼続がつくったといわれる朝日軍道である。山、川、双方によいフットパスが広がりそうだ。
　フットパスをやろうというような自治体はほかの活動も盛んなところが多いが、長井市も積極的な元気なまちである。以前からごみと農業の地域循環事業であるレインボープランや、フラワー長井線を映画「スウィング・ガールズ」の撮影に使うなど、進取の気象に富む自治体である。
　フットパス担当だった浅野課長は2005年の1月、正月もまだ開けやらぬときに私のところに突然電話をくださって、次の日にはもう小野路を見にこられた。そして3月に行われたフットパスまつりには数十人の方々をひきつれて視察にきてくださって、長沼酒造の「惣邑」と山一醤油の「あけがらし」をお土産に小野路の人々と親交を深めた。このエネルギーはやはりただものではない。2006年には全国に先駆けて初めてのフットパス・シンポジウムも開催された。
　長井にもフットパスを支えるいくつかのNPOがしっかり育っている。長井

まちづくりNPOセンター事務局長の青木さんは名古屋やアメリカ留学でNPO活動のノウハウをしっかり得た若手ホープであるし、ながいフットパス推進会議議長の菅野さんも青年会議所理事長などを経験する若い実業家である。そして最上川の現場で子供たちに川遊びを教えている和尚さんの久保さんたちの活動が長井の川のフットパスを支えている。長井市で行われた2011年度の「日本フットパス協会」シンポジウムのフットパス・ウォークのときにも久保さんの「水辺で遊べるわらしっこ広場整備促進協議会」の面々が米沢牛の芋煮やじんだ（枝豆）餅を椀や皿から溢れるほどご馳走してくださった。純朴で手厚いおもてなしが東北の良心として心にいつまでも残る

出会うたびに違う表情を見せてくれる最上川

　フットパス散策が趣味であるという内谷市長は、誠実な理事者である。私がフットパスの効果について感想を伺いたいと申し出たときに、急に真面目な顔になられ、会が終わるとすぐに居合わせた黒松内の副町長さんや国交省の方々などもお誘いになってその後3時間も時間を取って話してくださった。なかなかそこまではしてくださるものではない。市長は「フットパスは市民を元気にする」と"住民おこし"の面において効果を期待されているようだ。フットパスは理事者の方々の心も開くのかもしれない。内谷市長を初め、商工会議所、行政、NPOそして

やまがた花めぐりポスター

第2章　各地のフットパス　65

国交省と皆さんが熱心にフットパスに接してくださるまちである。
　それでは長井市でフットパスに一番長くかかわってこられた、浅野さんからの報告をご紹介する。
　浅野さんはJRと「やまがた花めぐり」プランなどを組んでフットパスに取り組んでいる。

山形県・長井市

最上川とフットパスながい

浅野敏明（あさの・としあき）
2003年長井市建設課長。ながいフットパス推進会議発足、2004年最上川観光交流推進協議会を設立し事務局長に就任、2006年全国フットパスシンポジウムinながい開催、フットパスを歩く観光として推進し全国に発信。2007年からNPO活動としてフットパスを推進。2011年長井市まち住まい整備課長。日本フットパスシンポジウムinながい開催、フットパスによるまちづくりを推進している。

水と緑と花のまち

　長井市は朝日、飯豊、出羽の緑豊かな山系に囲まれ、美しい散居集落を潤しながら「母なる川、最上川」「置賜白川」「置賜野川」の大きな三清流が貫流し、かつては長井市から最上川と呼んでいました。「四季均等」と言われる恵まれた環境。豊富な水、豊かな緑、桜、つつじ、あやめ、はぎなどの花が咲き誇ります。4月には国の天然記念物に指定されている樹齢1200年の「久保の桜」と「大明神桜」のエドヒガンとともに、最上川堤防沿い2キロメートルに渡る樹齢100年のソメイヨシノの千本桜並木、5月には樹齢700余年の琉球つつじをはじめとする3,000株余りの白つつじ、そして、6月には500種100万本のあやめが咲き誇ります。また、2004年に公開された映画「スウィングガールズ」のロケ地でもあります。まだ、その温もりが残る「フラワー長井線」は、雄大な西山を背景に田園地帯を走り続けています。

　市街地を流れる最上川は、総延長229キロメートル、全国で7番目、東北では北上川、阿武隈川に次ぐ長さ、日本三大急流と呼ばれています。米沢市西吾妻山を源流とし、置賜・村山・最上・庄内のエリアを貫流して、県内ほとんどが最上川流域となり、河口の酒田市で日本海へと注ぎます。また、古くは北前船による海運の輸送路を経由して、最上川舟運により京都などの風習や文化を取り入れ、異なる地域の歴史、生活文化を形成し、特に長井市は上杉藩の表玄関として、大きな問屋や豪商が成長し、商業のまちとして独特の文化が生まれました。

2004年度に設立した最上川流域にかかる32自治体と34民間団体による最上川流域観光交流推進協議会では、歩き主体の観光として、「川なみ、街なみの魅力を再発見するリバーツーリズム」をテーマに掲げ、魅力ある観光交流空間づくりを目指して、2004年10月に国土交通省所管「観光交流空間づくりモデル事業」に選定となりました。その先導する事業として「最上川フットパスながい」がNPOや市民と行政が一体なって、ルートの設定、ガイドマップの作成、案内サインのデザインと設置、ボランティアガイドなどの取り組み、国土交通省山形河川国道事務所の全面的なご支援により、2005年6月、最上川沿いのフットパスの完成を機に、まちなかの豊かな水路や舟運時代の面影が残るまちなみと歴史的な建造物を楽しむルートをつくり、ボランティアガイドの案内により、多くの観光客にも好評を得、リピーターも含め、観光交流人口の増加に結びついています。

　フットパスルートの整備により、市民による取り組みも盛んになってきました。市民の散歩コース、小中学校の野外授業や親子行事、全国つつじマラソンのウォーキングの部、長井まちづくりNPOセンターが主催する「歩くセッション」や「花ウォーク」「旅市」など、JRなどとのタイアップした企画にもなっています。また、特にご当地長井の冬は4カ月の間、雪に閉ざされています。克雪、利雪、楽雪としてのイベント「雪灯り回廊」では、フットパスコースにろうそくを灯して、幻想的な雰囲気に包まれた中を歩く冬のフットパスの取り組みを行っており、今年で9回目となります。

　2006年6月には、フットパスの取り組みを全国に発信し、フットパスによってまちづくりに取り組んでいる各地域との情報交流を目的に、「全国フットパスシンポジウムinながい」を開催しました。これが、2008年度に町田市を中心として、山梨県甲州市、北海道黒松内町と長井市が発起人となり、「日本フットパス協会」が設立になるきっかけとなって、フットパスの取り組みが全国に広がる足がかりとなりました。

　最上川流域のフットパスにおいても、上流域の川西町、白鷹町、朝日町、大江町、寒河江市や村山市、下流域の庄内町などの地域でも整備が進でおり、最上川流域全体のネットワーク形成を目指しています。

　また、2009年度から取り組んでいる国土交通省の「かわまちづくり」支援制

四季折々の花のあふれるフットパス・コース

　度を活用して、舟運時代の歴史・文化など地域資源を活かした地域づくりとして、新たなフットパスルートやまちとかわを結ぶルートの整備、そして、舟運時代の船着場を醸し出す舟通し水路の整備など、さらに魅力あるフットパスルートもできあがりました。
　今後は、かわまちの長井として、最上川の自然と舟運の歴史が残るまちなみを活かしたフットパスの拠点とする「かわの駅」や親水公園の整備などを計画し、まちなか観光とつなぐ、魅力あるフットパスルートをつくり、観光交流人口の増加による、地域活性化に結びつけていきたいと考えています。
　2011年10月1日（土）2日（日）は日本フットパス協会シンポジウムとして「日本フットパスシンポジウムinながい」を開催しました。1日目のシンポジウムではテーマを『かわ〜まち、まち〜かわへ歩くフットパス』とし、東京工業大学大学院教授の齋藤潮氏からは「故郷の風景が旅人の眼にとまるとき」の基調講演をいただき、自然豊かな長井の風景やフットパスからの景観の現状や今後の地域づくりへのアドバイスをいただきました。情報提供として、エコ・ネットワーク代表小川巌氏からは「全道フットパスの紹介」で、北海道各地のフットパスを多くの写真で説明していただきました。国土交通省水管理・国土保全局河川環境課河川環境保全調整官、高村裕平氏からは「かわまちづくりによる地域振興」について情報提供をいただき、パネルデスカッションでは、日本各地でフットパスの活動している茨城県行方市、熊本県美里町、愛知県春日井市、岩手県盛岡市、地元長井市の代表の方5名のパネラーによる各地域の活動紹介の後、テーマに沿ってデスカッションが行われ、「歩くことがまちづく

りや観光の原点である。歩いてもらうことに、もっと自信を持っていってはどうか」とまとめられ、フットパスはまちづくりには欠かせないものと改めて思いました。夕方には、全国から届けられた地酒、焼酎やワインが並び、地元料理と相まってそれぞれ堪能していただき、密度の濃い交流会となりました。2日目はエクスカーションとして、フットパスルートを歩く体験を実践し、自然豊かな最上川コース、舟運の歴史文化のまちなみコースをはじめ、流域の他市町のコースも設定して、最上川の自然や景観と舟運時代の歴史・文化を満喫していただきました。2日間にわたって開催したフットパスシンポジウムでは、日本各地のフットパスによる先進的な取り組みや利活用について、情報の提供・交換・交流を図り、全国に発信することができました。

　フットパスは、自然、歴史や文化などの地域資源を活用することにより、魅力ある観光資源として活用することができ、また、観光振興、健康増進、自然保護、市民の憩いの空間づくりのモチーフとして、最も手軽に、多くの人たち

①背丈ほどもある樹齢850年の白つつじ／②③④川沿いには商家が残る

から共感が得られ、今後さらに広がっていくと思われます。

　課題としては、フットパスコースの維持管理、特に最上川ルートの除草などが追いつかないことや案内サインの整備も充実していかないとガイドマップだけでは、初めての方にとって、単独ではなかなか歩けないこと、そして、トイレ、休憩施設の設置なども、検討しなければなりません。フットパスをさらなる飛躍させるためにも、ルート整備と周辺環境、維持管理が平行して進めることが大切であり、大きな課題でもあります。

　（寄稿了）

全国フットパスシンポジウムinながい2006

山形県川西町の事例

東洋のアルカディア（理想郷）

　山形県の事例の後に、川西町について少し書いておきたい。川西町は町田市と昔から深い交流がある自治体で町長には「日本フットパス協会」の幹事も引き受けていただいている。

　長井の隣町が川西町である。しかし隣町ではあるが、長井とは全く違った成り立ち、文化、歴史をもったまちで、両者のフットパスではまったく異なった趣を味わうことができる。フットパスは一般的な観光ではわからない「一つひとつのまちの特性」を表現し、体験できるという、良い例であろう。

　川西町もしっとりした品格のあるまちである。「日本フットパス協会」の2011年度総会が長井市で行われた際、隣町の川西町で町長がダリア園を見せてくださるコースがあった。私は残念ながらそれには参加できなかったが、車で来ていたので帰りに国指定史跡の下小松古墳群を宮田先生と訪れることができた。壮大な現場であった。宮田先生によると蝦夷による最北限の古墳群ということらしいが、私はすっかりその周囲の雰囲気の虜になってしまった。フットパスにするのに最高の環境が目の前に広がっていたのだ。

　ちょっと調べてみると、ほかにも東北地方最大の古墳があり、古代山形では重要な地域だったこと。伊達氏と関係が深くお家騒動で有名な原田甲斐の居城原田城があったこと。江戸時代には最上川舟運の集積場としてまた、米沢街道（越後街道）の宿場町として有数の経済都市に発展したこと。井上ひさしの生誕地だったこと、などなど。一つの町に驚くほどの事柄が存在していたのだ。

　長井市とは隣町なのに、こんなにも立ち位置が違うのだ。日本の中には1,800もの自治体があるが、一つひとつがこんなにも違っていて、それぞれに、とてもおもしろい歴史や自然を持っている。フットパスではそれに気づかされるのだ。

　明治時代初期に小松の宿場（今の川西町）に1日滞在していたイギリスの女性紀行家イザベラ・バードがその著書『日本奥地紀行』に「豊富に栽培し、実り豊かに微笑する大地であり、アジアのアルカディアである」と賞賛したとされている。が、彼女が称賛したのは景観だけではなかったと思う。「紀行」を

読んでみると好き嫌いのはっきりしたバードが、始終一貫して褒めているのは日本人の穏やかさと親切な態度である。バードが見たものは今私たちがフットパスの上に見ているものと同じものであるような気がする。
　川西町の原田町長がメールのお返事に書いてくださった内容は、まちのたたずまいと同じように趣の深いものであった。最後にそのメールの一部分を紹介しておこう。
　「川西町は大きなビルもなく昔ながらの風情を残しひっそりと暮らしてきました。江戸時代、戦前まではこの地方の中心地としてにぎやかさもあったのですが、工業化、車社会となり取り残された感があります。しかし私はこの少しひなびた町が大好きです。何といっても食べ物はおいしいし、お酒も大好きです。気のきいた料理屋さんも多く飽きません。大型車がうなりを上げるようなこともなく、新幹線で東京から米沢駅に降り米坂線に乗ったとたん一挙に東京の裏側に来た感じになります。羽前小松駅に降り、町中をゆっくり半日も散策すれば戻れます。コースは里山や、峠越えを目指すこともできます。飯豊山登山の出発口は小松駅でした。イザベラ・バードのコースもいいですね。もっと資源を掘り起こし皆さんと楽しく過ごせる町にしていきたいと思います」
　さて、次は北海道の黒松内町のフットパスを紹介したい。

北海道黒松内町の事例

北限のブナ林と南イングランドそっくりの景観
　いま北海道のこの小さなまちは、総務省や全国自治体の中でも名前のよく知られている有名なまちである。何か特別なことがあるわけではない。
　黒松内町は人口3,200人の小さなまちである。
　千歳空港から車で2時間。空港を出ると車道や畑や白樺の林が続き人の姿は見えない。サミットが行われた洞爺湖を過ぎたころ林の中からモダンな学校や高齢者施設など、整ったアメリカの地方都市のようなたたずまいのまちが眼前に現れる。これが黒松内町である。
　北限のブナの生息地として有名であるだけでなく、朝日新聞の「にほんの里100選」に選ばれたり、フットパスやブナに関する国際会議を次ぎから次へと

開いたり、活発な自治体である。黒松内の先進的な生き方は小さな自治体や過疎のまちなどの活性化の手本になると思われる。

　フットパスは有名な北限のブナ生息地を回るものや、町の入口に位置する道の駅「トワ・ウェールⅡ」を終起点とするものなど4コースある。「歌才森林公園」コースは国の天然記念物の歌才ブナ林に接する魅力的なコースだ。黒松内のブナは本州のものより葉が大きい。北海道の植物には葉が大きいものが多い。日光をいっぱい取り込まなくてはならないからと聞いた。黄色く紅葉したブナ林の中を歩くと、本州では味わえない爽快さで、北キツネの跡も見つけることができる。

　「チョポシナイコース」は、町民有志で組織した「黒松内フットパスボランティア」の方々が廃道となった道を何度も手入れしてできた第1号のフットパスコースである。じゃがいも畑や熱郛川の河岸に残る化石群を見ながら歩き最後には南イングランドと似た風景が広がる東山の山頂を経た12キロを約3時間かけて歩くコースである。12キロメートルを3時間というと大変なコースのように思えるが、北海道は大きいので景色があまり変化せず、ひたすら歩くことに専念するのでアッという間に歩けてしまう。ウォーキング協会のウォークなどにも使いやすいコースだと思う。

　北海道のコースは、本州の狭いフットパスに慣れてしまった方にはスケールがだいぶ違って感じられると思うが、非常にイギリスのフットパス・コースに似ている。英国ランブラーズ協会のミルズさんも「イギリスのコースに似ている」と言っておられた。黒松内町では国際会議がよく開かれるが2008年8月に日本で初めてのフットパス国際フォーラムが開催された。そのとき招待されたイギリスのウォーキング団体、ランブラーズ協会の担当者ミルズ部長はこの「チョポシナイコース」を歩いた次の日、あいにくの雨に

フットパス・コースとしても魅力的な下小松古墳群

もかかわず、「西沢コース」を当たり前のように元気に歩かれていて、まるでイギリスにいるような気持ちになった。

このまちでは、行政の担当の企画調整課の新川主幹（当時）とNPO「黒松内町フットパスボランティア」の新川会長（当時）が親子で行政と市民の両側面からフットパスとまちづくりを盛り上げてこられた。

北限のブナ林を歩く（朝日新聞にほんの里100選HPより転載）

お父様の新川会長は、元は高校の英語の先生だったので、ミルズさんなど海外の方とも流暢に会話をされていて、通訳の小田さんと共に国際会議も難なくこなされていた。息子さんの新川氏は、ボランティアさんたちと一緒に汗を流す行動派で企画力、発想力に富んでいる。新川さん親子は「日本フットパス協会」の運営に関しても、長井市の浅野さんや甲州市の中村さん、三森さんと共に中核をなす方々だ。

黒松内は移住者を暖かく受け入れており、関東から移住された方も多い。北限のブナを紹介するブナセンターの職員の中にも、横浜国大の齋藤均さんなど東京組が多い。スタッフの明石かおるさんは「東京から北海道に魅せられて来たが、なかなかどこも受け入れてくれない。そんな中で黒松内だけが優しく受け入れてくれたんですよ」と話してくれた。町長や副町長も穏やかな方たちである。まち全体が暖かい雰囲気のなかで、新住民を受け入れて、新しいまちづくりを進めている。

黒松内には第三セクター運営の宿泊施設「歌才自然の家」、温泉場「くろまつない温泉ぶなの森」、自然体験情報基地「ブナセンター」など施設もよく整備されている。食べ物は、酪農の町だけあって乳製品が豊かで、「歌才自然の家」では大谷シェフが、黒松内産の乳製品を使ったフレンチ料理に腕をふるう。町内の酪農家の絞りたての牛乳からできたアイスクリームは東京では食べられない本物の味である。イベントのときには、雨でも大きなテントの中で豪

第2章　各地のフットパス　75

①チョボシナイ・コース／②イギリスのような黒松内の風景／③ヨーロッパのような妖精の森
④熱郛川河岸化石群

快に海産物や畜産物が網で焼かれ、お母さんたちの手づくりの料理も持ち込まれていた。大勢で楽しく過ごすことができるこのテントは、町田市など参加したほかの自治体からは「羨ましいね。私たちも欲しいね」と評判だった。

　フットパスが始まって、観光客が1993年度の5万人から、15年が経過した2008年度には15万人に増えたとのことである。次第に充実するおもてなしによって、これからさらに賑わうであろう。

　それでは、フットパスを「内外の住民が癒されるまちづくりの象徴」と考えていらっしゃる黒松内町企画調整課の新川氏の報告を見ていこう。

北海道・黒松内

フットパスボランティアと自治体が 協働で「フットパスによるまちづくり」

新川雅幸（にいかわ・まさゆき）
1967年生まれ。北海道黒松内町国民健康保険病院事務長。1989年同町に入庁。建設課土木係長 企画調整課上席主幹を経て、2013年現職。2008年から5年間前職時代にフットパスを担当。黒 松内町オリジナルの滞在型交流「ブナ里ツーリズム」の推進を目指し、町民ボランティアと協働 してフットパスを活用したまちづくりに取り組んできた。

ブナ北限の里「くろまつない」の概要

　私たちの活動拠点である「北海道黒松内町」は、北海道南西部にあり、札幌市と函館市のほぼ中間点に位置し、日本海と太平洋をわずか28キロで結ぶ間にありながら直接海には接することのない地理的特殊性を持っています。

　町の面積のうち76％が森林で、町土のほとんどが黒松内低地帯と呼ばれる丘陵をなし、中央部を朱太川が貫流して、これを幹線とした中小河川の流域の平地部に農地を形成しています。

　基幹産業は、酪農と種子馬鈴薯栽培を中心とする農業で、道南屈指の酪農の町です。

まちづくりの歩み

　黒松内町の中央部には、ほとんどブナの純林状態で自生している、面積約92ヘクタールの歌才ブナ林があります。

　歌才ブナ林は、市街地と隣り合わせで、人々が気軽に散策できる場所にありながら手付かずの状態であったことが学術的に評価され、1928年に国の天然記念物に指定されています。

　町は、この天然記念物「自生北限の歌才ブナ林」を核とした豊かな自然環境と農村の生業が生み出す牧歌的風景を潜在的資源と位置付け、可能な限り地域内の人材・資源を活用し、ヨーロッパの農村のように都市の人々を招き入れ交流を図る体験・滞在型のまちづくり「ブナ北限の里づくり」を1989年にスター

トさせました。
　週末や長期休暇を田舎でのんびりと過ごすヨーロッパの習慣を取り入れるため、最初に自然体験学習宿泊施設「歌才自然の家」が整備され、ブナ林散策、子どもたちの野外活動の拠点がつくられました。
　次いで、体験工房を備えたブナセンター、キャンプ場、温泉、道の駅などの順に拠点となる交流施設が整備されるとともに、ブナ林観察会、ビーフ天国、かんじきソフトボール大会など、黒松内の地域特性や生活文化を生かしたさまざまなイベントも開催されてきました。
　加えて、ヨーロッパの農家民宿の様に手づくりのチーズ・ソーセージ・パン・ワインなどをお客様に提供するため、地場の産物に付加価値を加える形で、「特産物手づくり加工センター」製チーズとソーセージ、「特産物展示販売施設」製パン、地場産ぶどうを原料にしたワインをそろえ、オリジナルの味を用意して来訪者のもてなしに力を注いできました。
　また、北限のブナ林や美しい農村を次代に引き継ぐため、景観や環境を保全するための条例を制定し、奨励制度を設けて住宅の色彩配慮や廃屋撤去などの修景整備にも取り組み、2008年３月には、景観行政団体となり、一層優れた農村景観づくりが進められています。

まちづくりから生まれたフットパス
　こうした取り組みによってまちの魅力がアップするにつれて、交流だけでなく移住する方々が現れ始め、彼らによる民宿や環境雑貨店経営、木工や食料品製造などといった経済活動のほか、地域内でのコミュニティ活動などが盛んに行なわれるようになり、まちの人材と資源は一層増えてきました。
　しかし、交流人口の多くは通過型のドライブ観光で、本当のまちの良さを分かっていただいておりませんでした。
　イギリスには、国内に自然発生した小径「フットパス」がくまなく張り巡らされ、美しい自然景観、懐かしい田園風景、古い街並みを結び、多くの人々がそのフットパスを余暇として歩き楽しんでいます。
　本町においても、訪れる都市の方々に「歩く」スローな視点から、車からでは見過ごしがちな、まちの自然や環境のすばらしさを注意深く見つめていただ

①くろまつない温泉ぶなの森／②トワ・ウェールⅡ／③ブナセンター
④黒松内料理—有名なイカ墨ラーメンとフレンチ
⑤大きなビニールハウスの中で全道のフットパス団体が集合した交流会

き、満喫してもらうために、これら既存の魅力ある地域資源としての交流スポットを有機的に結び付け、一層魅力あるものにするため、イギリスのような「フットパス」を整備することが有効と考えました。

そして、2004年1月町長の諮問機関である「まちづくり推進委員会」からフットパスに取り組むには、ボランティアを募り、行なうべきとの意見を踏まえ、町広報誌でフットパスの紹介を兼ねてボランティアを募集し、2004年6月当ボランティアを組織して、フットパスの取り組みをスタートさせました。

「協働」によるフットパス活動

まずは、フットパスを実際に歩き、コース整備に役立てるため、本場イギリスへのフットパス研修等の先進地視察を実施、次にフットパス化可能コースの選定、そして、これまで幾度もまちに訪れていた都市の方々の協力もいただいて廃道同然だった道路の笹刈り・草刈り作業などを重ね、ようやく最初のコースを整備し、2004年10月に歩き初めのイベントを開催しました。

このコースは、黒松内市街地と白井川地区に挟まれる東山を越える起伏に富

んだ「チョポシナイコース」で全長約10キロ、道端では小動物の足跡や山ぶどう・コクワ・どんぐりといった実のなる木などがあり、とても魅力的な自然に接することができるコースです。

さらに、第2のコースとして、実際に現地を歩いて調査した上で、歌才自然の家から特産物手づくり加工センターまでのなだらかな草地が広がり、本場イギリスを髣髴とさせる「西沢コース」（約10キロ）を選定しました。

2005年度は、チョポシナイコースに廃材を利用した手づくりの道標を整備、案内プレートの進行方向は矢印ではなく、ボランティアスタッフのアイデアで足跡の向きで示しました。

また、8月には本町で初となる全道イベント「第4回全道フットパスの集い」を開催。

同年10月、完成したばかりのチョポシナイコースと西沢コースを接続し、市街地を縦断する遊歩道のウォーキングイベントを実施、これを第3のコース「寺の沢川コース」（約2キロ）として選定しました。

2006年度は、寺の沢川コースなどに36基の標識を整備、2007年度は、各コースの起点・終点への手づくりコース案内看板の整備、フットパスマップの作成などを行ない、初めての人でもマップを片手に安心して歩くことができるようになりました。

フットパスに取り組んで5年目の節目の年を迎えた2008年度は、道内では初となるフットパスに関する国際的イベント「フットパス国際フォーラム in 黒松内」を開催しました。

フォーラムには、本場イギリスのウエールズランブラーズ協会からフットパス監督官を招聘して、フットパス本来の思想や歴史、楽しみ方、イギリス国内におけるフットパス事情などを分かりやすく講演していただいたほか、国内で先進的に取り組まれている方々とのパネルディスカッション、各地の事例発表、全コースのフットパスウォークなどを行ない、全国各地から100名を超える参加者がありました。

この催しを契機に複数の旅行会社から札幌・東京発着のフットパスツアー催行に伴うコースガイドの依頼があるなど、まちとフットパスに寄せる関心は、一層高まってきました。

歌才ブナ林附近の放牧風景　　　歌才自然の家

　2009年度は、既存の散策路の一部を利用し、本町のシンボルである天然記念物「歌才ブナ林」の入口に接する本町初の周遊ルート「歌才森林コース」（約4キロ）を第4のコースとして選定しました。
　なだらかな丘陵地でブナが生い茂る林の中を通るコースは、ブナの黄葉が眩しいこれからの季節が最も多くの来訪者を迎える時期となります。
　また、チョポシナイコースの途中の休憩ポイント「千葉農場」には、水を使わないおがくずを利用した環境にやさしいバイオトイレを設置し、管理の協力も得、快適に歩ける環境を一層充実することができました。
　2010年度は、5月に本町で2回目となる「第12回全道フットパスの集い」を開催した後、全国的に大きな猛威を振るった「口蹄疫」の侵入防止対策のため、2コースを閉鎖せざるを得ない状況となりましたが、同年10月、十分な侵入防止対策の下、第3回日本フットパス協会フォーラム＆ウォークが本町で初めて行われ全国各地から150名余りの来訪者を迎えました。
　現在、5コース、総延長約36キロのフットパスコースの整備によって、途中の「歌才自然の家」を利用して1泊2日で町内に点在する各交流施設や移住者のお店、豊かな自然と優れた景観など、まちの魅力を存分に楽しめるようになり、フットパスによる体験・滞在型観光の基盤が固まりました。

フットパスの本当の価値

　このようにフットパスが注目を浴び始めた最中、全国でフットパスを活用して地域おこしに取り組む3市2町とNPOなどの6団体、一個人がフットパス

による体験・交流型の観光振興を目指し、フットパスを全国に普及するために初の全国組織「日本フットパス協会」を2009年2月に発足させました。

東京都町田市で開催された協会設立記念シンポジウムには当会から7名が出席し、国内における活動家の1人としてパネルディスカッションのパネリストに選ばれた新川前会長が、鉄道の枕木を再利用した案内板の整備のほか、除草作業、道標補修、イベント開催など、ボランティアとまちの協働によるフットパス活動の事例を来場者に紹介しました。

このように当会では、今ある道を活用し、下刈りするなどして、自然に負荷をかけることなく新たに歩くことのできる道を見つけ、作るなど、お金を掛けずに取り組めるフットパスに自治体と手を携え、役割分担しながら一緒に汗を流してきました。

今年度活動を始めて10年目とが、地道に取組みを積み重ねた結果、近頃はイベントやフォーラムの記事が新聞・雑誌に大きく掲載され、全国放送ラジオにも出演して取組紹介したことなどで、当会の活動、「フットパス」という言葉、そしてまちの魅力は、一躍全国的に広まりました。

コースやイベントに関する問い合わせ、視察・取材を受ける機会が一段と増えたとともに、フットパスを歩き楽しむため、週末や祝日を問わず平日でも都市や近隣町村から訪れる方の姿をコース上で多数見かける様になりました。

近頃は、イベントの参加者から「本当に歩きやすく、また人も優しいので何度でも歩きたい」とのうれしい声を聞くことができます。最近は把握しきれない団体・グループでの利用者も多数あることから、フットパスで結ばれた点在する交流スポットでは、大きな経済効果が生まれています。

まちづくりの根幹をなす「ブナ北限の里づくり構想」が、町民からの提案で始まったことから、各ボランティアが自然環境・景観・文化・食といったまちの魅力とフットパスに関する豊富な知識を兼ね備えて、適切に来訪者に伝えられるための研修会の実施、フットパスが健康促進や観光面での経済効果を生むといった歩くことの「本当の価値」を多くの方々へ理解を広め、コースの魅力アップの協力を得るための普及・啓発活動など、常に質の高い体験・交流を実現しようと積極的に活動しています。

そして、これらの活動の中から、ボランティアの1人が地元産の根曲がり竹

①パン・ハム・チーズなどの特産品／②道標設置／③案内板設置
④牧歌的風景の中を通る西沢コース

を使用したオリジナルグッズ「アルカサル（フットパス用手づくりストック）」を開発・販売しているほか、ボランティアスタッフが内容をまとめた当会オリジナルのフットパスマップを制作し、販売を始めるといった主体的な取り組みも次々生まれていることに加え、エキノコックス駆除用ベイト散布作業といった地域特有の課題に対する奉仕活動も実践されてきました。

　このように本町のフットパス活動は、点在する地域資源を結び付けるとともに、人と人の交流によってまちづくりの原動力となる人を育み、成長させるなど、大きな成果を挙げています。

　町の担当者が交替しても協働によるまちづくりを活動の基軸に据え、まちの豊かな自然環境と優れた農村景観を保全するとともに持続可能な利用の仕方で来訪者に提供しつつ、農家や商店街など地域と連携した黒松内流のフットパス事業を展開して、ブナ北限の里でのフットパスによるまちづくりを推進するための活動は続いています。

　（寄稿了）

北海道全域の事例

多くのファンに愛されるコース

　次に、酪農学園大学教授の小川巖氏の報告を紹介する。

　黒松内町は、フットパス王国北海道の代表のようなまちである。北海道全域で、フットパスが観光やまちづくりの目玉となっている。

　なぜこんなにも北海道でフットパスが愛されているのか。その理由の１つは、北海道にフットパスを取り入れた、フットパスの草分け中の草分けというべき人物の存在があることが大きいだろう。

　その人物は、小川巖氏。それぞれのまちでフットパスをつくってこられた方で、北海道全土に小川先生のファンが存在する。北海道には通称小川学校というのがあって、小川先生があちこちでフットパスの素晴らしさを伝え、フットパスによるまちづくりを進めてこられた。

　2012年には小川先生の率いるエコネットワークが推進役となって、フットパスネットワーク北海道を設立、年に一度「全道フットパスの集い」が毎年主催地域を変えて開かれている。参加団体は、いまのところ40団体ぐらいで年々増えているとのことである。黒松内だけでなく、ニセコ、南幌、白老、富良野など道内の多くのまちが集まり、ご自分たちのフットパスを自慢をしておられる所を見るといかに、フットパスが深く浸透しているかがわかる。

　南幌の近藤さんは町議会議員で、明るく実行力のある推進者だ。フットパスと農業を結びつけた政策をどんどん進めている。南幌のジンギスカンは安くて旨くて有名である。北海道のフットパス担当者は一様に前向きで明るい。

JTBの企画したフットパス

北海道・全域

北海道のフットパス、10年の成果と課題

小川巌（おがわ・いわお）
環境市民団体エコ・ネットワーク代表。北海道の自然環境分野や野生動物、道内のフットパスの第一人者として各種委員や日本各地で講演活動やフットパスウォーク等を実施している。酪農学園大学環境システム学部教授、札幌学院大学等で非常勤講師も勤める。フットパスネットワーク北海道（FNH）事務局長。

はじめに

　21世紀に入ってから英国に由来するフットパスが、日本でも急速な勢いで広まりつつある。とはいえ、国内での歴史は長くとっても十数年に過ぎない。広辞苑をはじめとした辞典にはまだ収録されていないところを見ると、まだ社会的に認知されているとは、言い難いのかもしれない。私の住む北海道では、10年程度の歴史しかないのにもかかわらず、すでに40を超す市町村の中に100コース以上のフットパスが出来上がっている。この勢いはこれからも一層強まると思われる。また1つの町村内にとどまらず、複数の自治体をまたぐ形のロングトレイルもできつつあるという特徴をもつ。

　一方、何をもってフットパスと称するかが定義されないままに来たため、玉石混淆の状態にあるのも事実であろう。道内でフットパスが始まって10年たった今、明確な基準を示す時期に差し掛かっていると考える。ここではフットパス10年の成果の検証と解決すべき課題について整理してみることにする。

多様なフットパス

　前途の通り北海道でフットパス作りが本格的に始まってから、せいぜい10年位しか経っていない。それにもかかわらず前述した通り40を超す市町村でフットパスが開設され、100を超すコースがあると思われる。大変な急成長ぶりである。ただここで強調しておきたいのは、市町村のみならず、北海道や国が直接関わっている例はわずかであり、大部分は市民・住民主体によってつくられ

た点が重要であり、行政サイドのフットパスに対する関心は総じて薄いのが実情である。それを嘆く必要は全くない。住民主体で進められているため、画一的なフットパスにならず、地域の実情、特徴を生かしたフットパス作りにつながっている点をプラスに評価すべきであろう。

　目的もまた多様だ。もっとも多いのが「食」と「農」とを結び付けることを狙ったフットパスであろう。歩いて汗を流して終わりと言うのではなく、プラスアルファとして、例えば有機栽培農家に立ち寄るなどして採れたての作物を試食させてもらい、実際に畑や水田に接するなど一種の農業体験を無理なく実現しているところがある（南幌町）。地元で生産された酪農製品（ハム、チーズ、ソーセージ、アイスクリーム等）を歩いた後の昼食時に食べてもらえるようなコース設定をしている町がある（黒松内町、根室市ほか）。

　もちろん、食と農ばかりではない。歴史の道としての性格を意識している町がある（えりも町、様似町）。観光の一環と考えているエリアがある（洞爺湖町、壮瞥町）。その地域ならではの景観を大事にしているところもある（滝川市江部乙地区、上富良野町）。といった具合にさまざまな目的、狙いを込めてフットパスが作られている。単独の目的だけではなく、例えば食・農と景観を一体としたところもある。要するにその地域の特性を生かした形でのフットパス作りが進められている。どれ1つとして同じコースはなく、それぞれが個性的なところに最大の特徴がある。

食・農・景観を一体化したコース

ロングトレイル

 道内各地に多くの多様なコースがあると紹介したが、1つの自治体の範囲内に1コースまたは複数コースが設定されている例が大部分を占める。

 これとは別に市町村をまたぐ形でのロングトレイル（長距離フットパス）が一部地域で指向されている。

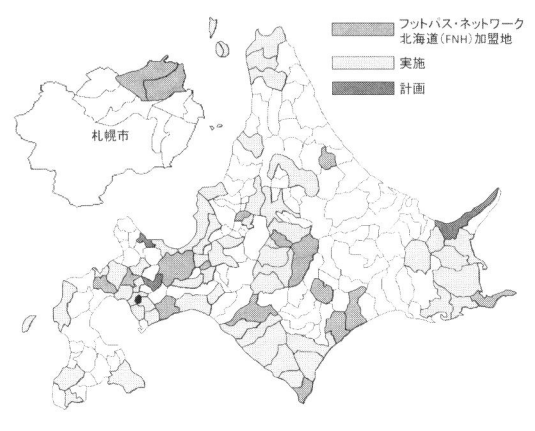

道内のフットパス位置図

長距離なるが故に、今のところ全ルートの通行が可能でないところもあるが、すでに通行できるロングトレイルもあるので簡潔に紹介してみたい。

●AKウェイ

 Aは網走、Kは釧路のイニシャルを意味することから分かる通り、網走～釧路間を結ぶ延長211kmのロングトレイルである。ガイド付きで3～5日を歩く本格的なウォーキングが実施されている。

●北根室ランチウェイ

 ここで言うランチとは昼食の意味ではなく、牧場（Ranch）のことである。中標津町～弟子屈町に至る71.4kmのフットパスである。

 どちらもフットパスに意欲的な個人によって推進されている。

●大雪ロングトレイル（仮称）

 旭川市を起点に占冠村まで7市町村をつなぐフットパス。上富良野町のフットパス団体が連携して推進している。総延長200km以上に達すると見られる。

 富良野地域以外では、現時点ではロングトレイル化が具体化していないものの、フットパスをもつ町村が連続して隣り合っている地域がいくつかある。ニセコ周辺地域と太平洋沿岸の日高地域がこれに該当する。ニセコ周辺はニセコ

町から南へ蘭越町、黒松内町と隣接している他、東の倶知安町、真狩村とつながっている。このエリアは行政的にも一体的に動きやすい地域なので、これらの町村を結ぶロングトレイル化の可能性は十分ある。

　日高地域は東端のえりも町から北の広尾町（十勝管内）、西へ様似町、浦河町、さらに新ひだか町でそれぞれフットパスが開設されている。平取町でもユニークな「けもの道」フットパスが出来ており、ロングトレイル化がやりやすい条件を備えている。特にえりも町と様似町は200年以上前の江戸時代後期に幕府直轄事業として開削された山道が復元されており、歴史の道としての要素も併せ持っている。

見えてきた課題

　これまでは北海道内のフットパスをいかに広めるかに最大のエネルギーを注いできた。量的拡大が一定規模に達した今、さまざまな問題、課題が表面化してきたのも事実である。それらを抜き出してみると、①土地所有者との調整　②トイレ、休み処　③推進組織　④共通コースサイン　⑤標識等の標準化、などを挙げることができる。①は、もっとも神経を使う上に困難な問題であるだけに軽々と論ずる訳にはいかないので、別の機会に譲りたい。②のうち、トイレは差し迫った現実的な課題である。黒松内町のようにコースの中間点にバイオトイレを設置した町もある。今のところ新たにコースを設定する際には、既存のトイレを取り込むのが一般的である。歩くウォーカーにとって最もニーズの高い問題なのは間違いない。

　③自治体ごとにフットパス推進団体があって、地元の役場等と連携して推進に当るのがベストであるが、このような関係が築けているのは、ほんの一握りである（黒松内町など）。④全道統一のコースサインはぜひ欲しいところだ。サンプルは一応できているので、その普及を図

重要なトイレ問題

る段階にある。⑤の標準化とは、不揃いまたは玉石混淆な状況にあるフットパスを誰でも安心して歩けるようにするための措置である。現状はフットパスと称しているものの、標識、コースサイン、案内板さえ皆無のコースが多くある。分かりやすいコースマップを作成しているところはまだ少ない。夏になると草が伸びて歩くのに難渋するコースも見受ける。これではフットパスが広まる上での妨げになるだけだろう。それゆえにフットパスと称するには「常に歩ける状態になっている」「管理に当る明確な地元のグループ、組織がある」「道標、コースサイン等が整っている」「コースマップが作成されていて、容易に入手できる」といった条件を満たさなくてはならないだろう。とは言え、それをどこが認定するかも定かではない。自治体レベルとは別にフットパスの連合組織が北海道レベルでも必要な所以である。FNHはこれらの解決に向け発足した。全道組織である。

北海道の雄大な自然を味わえるコース

まとめ

　北海道ではこの10年の間にフットパスが急増し、その勢いは今後も続くものと思われる。フットパスをただ歩くだけの道にとどめず、食と農、歴史、文化、観光、景観など多様な目的のもとに作られている。現在、一町村に１つまたは複数のフットパスを作るところが大部分であるが、町村の枠を超え隣接する町村とつなぐ形のロングトレイル化の動きが出てきただけでなく、意欲的な個人・グループによるロングトレイル作りも始まっている。

　一方、フットパスの定義が定まらないまま推進されてきた結果、道や標識の整備に手が回らない、コースマップもないといったフットパスもかなりある。一定条件をクリアした歩く道をフットパスとして認定する段階に来ていると思われる。

　（寄稿了）

黒松内そして、北海道全域の報告を見ていただいたが、いかがだっただろうか。小川先生は通訳の小田高史さんと一緒に毎年5月にイギリスのフットパスを2～3週間周遊している。2002年から始まった「英国フットパスを歩く」シリーズである。

　通訳の小田さんは北海道では有名な通訳で、北海道全域で活躍されている。奥様はアメリカ人の英語の先生であるが、奥様やご家族とご一緒にフットパスを歩かれている他、イギリスのフットパスにも公私にわたって何度も足を運ばれている。思うに、イギリスのフットパスに関しては、小田さんより詳しい日本人はおられないと思う。その上、職業柄か持続可能な社会へのテクノロジーなどに詳しく、小田さんにご案内いただくと、フットパスと絡めながらイギリスの先進的、かつ伝統を重んじる暮らし方や、環境への豊かな取り組みまで紹介していただける。これからの日本になくてはならない人材だと思う。「日本フットパス協会」でも小田さんオススメのコースを歩く英国フットパスの旅が目玉商品となる日も近いであろう。

　それでは、目を南に向けて次に九州の熊本からの報告を見ていただこう。ご覧いただくのは、熊本県美里町。美里は熊本市と阿蘇のちょうど中間にある水と緑のまちである。

熊本県美里町の事例

石橋文化と美里よかばい

　美里町は熊本市から南に車で40分のところにある。阿蘇から西南に1時間弱ほどの距離にあり、美里町と熊本市と阿蘇を直線で繋ぐと三角形になる位置にある。2004年11月に中央町と砥用町が合併し、一般公募で美里という町名となった。

　熊本県は川が多い。熊本市には白川、そしてそれに平行するように、美里町には緑川が流れている。緑川は球磨川についで流域の大きい川で、水量も豊富である。美里のあちこちに泉が湧き、名水がその場で飲めるようになっている。美里は水のまちである。

　そして美里は石橋のまちでもある。この地、美里で活動している特定非営利

活動法人「美里NPOホールディングス」の濱田孝正さんたちはここに石橋を繋ぐフットパスをつくろうとしている。何故石橋なのか？石橋には美里の人々の特別の想いがある。美里を流れる緑川は水量豊富で、昔から橋をかけても流されてしまっていた。このあたりは、大谷石など石の産地でもあるので次第に石橋が架けられるようになったようだ。生活の中で石橋を通らないと美里では暮らせない。「肥後の石橋」という言葉があるそうであるが、熊本県自体が石橋の多いところである中で、とりわけ美里には多くの石橋が架けられている。したたるような森と田んぼの緑に囲まれた美しい環境に大小さまざまな石橋がある。美里だけで40基前後の石橋がある、しかも日本一大きいアーチの霊台橋など有名なものも多い。冬にはハート型の影をつくる代表的な石橋の1つ、二俣橋などは緑山の借景を得てロココ調の絵画のようである。しかし石橋の意味はその建築学的な機能や美のみにとどまっているものではない。

　石橋ガイドの井澤るり子さんによると、石橋の技術は、長崎でめがね橋などが建設されたときに、熊本から参加した石工たちが西洋のブロック積みの技術を村に持ち帰ってきたものだそうだ。石工たちは、長崎で覚えた技術を用いて華々しい成功の機会を求める代わりに、村の人々が毎日不便をしている橋つくりのために技術を使って多くの石橋を残した。坂本竜馬など地方から江戸に出向いて日本の維新に人生をかけた男たちがいた時代、自分の村に帰ってコツコツと村の人々のために工夫を重ねながら石橋をつくっていた男たちもいたのだ、という事実は現代人の私たちの胸を打つものである。

　濱田さんたちは、フットパスを使ってビジターが美里に滞在するしくみをつくろうと努力している。

　フットパスに取り組むことになったのは、雑誌BE-PALでフットパスの特集があったときに、紹介されていた小野路のフットパスを見て「これだ！」と思ったのがきっかけだったという。濱田さんは、その後町役場や関連NPO、商工会の方たちを伴ってひと夏のうちに3回も小野路にきてくださった。

　美里でフットパスを考える場合、林や水田、したたる緑、合流する水系、あちこちに泉をつくっている湧水など、どこを歩いてもフットパスに向いている。特に石橋は昔からの生活道路にあるので石橋を繋ぐ道がそのままフットパスとなる。フットパス用の道にはことかかない。

さらに美里がなによりもフットパスに向いていると思うのは、しっかりした担い手がいることである。
　"美里よかばい"とも言うべき、濱田さん、井澤さん、商工会の若い人々、など美里への想いが強く、パワフルである。地方には都会に住む者が思いもつかないような深くて立派な文化財があることが多い。酒田の本間様、小樽の鰊御殿など破格である。それぞれの地域に伝わっている物凄い文化。美里の人々はそれに気付き、現代の文化に再生しようとしている。
　今のところは活動が始まったばかりなので、まだ宿泊や食事などのインフラが整っておらず、これからの課題は多い。また車で30分から1時間のところに、熊本市や阿蘇があり、熊本市の白川沿い、阿蘇の南側にいいフットパスができそうなので、美里を中心に美里から熊本や阿蘇へのロングトレイルを繋げると、美里に1泊して、熊本市や阿蘇に繋ぐコースが何本もできそうである。美里だけでなく、熊本や阿蘇を巻き込んで数日滞在するようになると、私たちのように東京からはるばる出かける客は、美里にも1泊して地元に資金を落としていけるように思える。地元行政や九州の他の地域に呼びかけて、積極的に活動されているのであっという間に美里はフットパスのまちになるだろう。
　それでは、熊本市美里町の第三セクター特定非営利活動法人美里NPOホールディングスで、実際に美里のフットパスに携わっている、濱田孝正さんの報告をご紹介しよう。
　濱田さんは、特定非営利活動法人美里NPOホールディングスの代表。ホールディングスの名の通り、いくつもの省庁や企業から補助金を得るなど企画力もあり、組織運営の上手な指導者である。
　その濱田氏はフットパスを取り入れてまだ数年にしかならないが、小さな自治体がそこにしかないアイデンティティを発信できること、そしてまちづくりのプラットフォームにフットパスが有効だと思われたという。非常にパワフルで熊本市のみならず九州全土や日本全国にも影響を及ぼしている方なので、そういった人柄も想像しながら読んでいただきたいと思う。

熊本県・美里町

熊本県・美里町で始まったフットパス

濱田孝正（はまだ・たかまさ）
熊本県、その真ん中、美里町在住。特定非営利活動法人　美里NPOホールディングス代表。美里町を楽しくする活動をやっています。主な仕事は美里町の公共施設の管理や、来訪者に喜んでいただけるような、いろんな仕掛けを企んでいます。

はじめに

　私は熊本県美里町において、フットパスを推進している「美里フットパス協会の」の事務局として活動しています。この団体は、美里フットパス推進のために2013年4月1日に設立され、町民有志やNPO、町商工会などが参加しています。

　美里町のフットパスは、2010年度から取り組み始めました。現在では10コースを開設し、2014年には18コースとなる予定です。「美しい里」美里町のありのままの魅力を伝えるべく、多くの住民の皆さんと共に町ぐるみで取り組んでいます。地域のために少しでも次の一歩が踏み出せるようなきっかけになりたいと思っています。

　美里町でのフットパスづくりの「すすめ方」を基本に、多くの地域で取り組みが始められるように、参考になればと思っております。

美里町について

　美里町は「中央町」と「砥用町（ともち）」が合併してできた町です。名前からもわかるように、熊本県、また九州の中心部に位置しています。広大な阿蘇外輪山の南西の裾野にあり、山林が7割を占める典型的な「中山間地」と呼ばれる地域です。人口は合併後8年間で1,000人以上も減少し、現在は約1万1,000人で、高齢化率38％という小さな町です。

　地形は西部の緑川の中流域の低地の標高50メートルから、1,300メートル級

の山々までつながっています。九州脊梁と呼ばれる九州山地に源を発する緑川が東西に横切り、緑川の北側はなだらかな丘陵地帯、南側は急峻な山が幾重にも重なっています。山林のほとんどは杉と檜の人工林であり、僅かばかりの照葉樹による二次林が広がっています。1,000メートル以上の高地では、ブナなどの落葉樹の植生が見られるものの、低地はほぼ年中緑で覆われています。

深い谷にはいくつもの石橋が架けられ、山肌を縫うように掘られた用水路が網の目のようにはりめぐらされ、多くの水田を潤しています。それらは江戸時代後期に造られ、現在でも現役で使われており、人々の生活に密接に結びついています。

美里町は大きな都市開発からは取り残された地域です。とりもなおさず、棚田をはじめとした農村景観や自然の景観等、素晴らしい資源が数多く保存されていると言えます。

石橋の町

前述のとおり、美里町には大小36基の石橋が現存しています。

長さ90.0m、幅5.45mと江戸時代後期から明治にかけられた石橋では日本でも最大の「霊台橋」。用水路を引くとき、谷を渡す必要があったために架けられた水路橋「雄亀滝橋」。川の合流点に架けられた双子の石橋「二俣橋」など、大変興味深い遺産が数多く残っています。そのどれもが、その時代の人や物が

霊台橋からみた風景　　　　　　　　　　二俣の片側は西洋絵画のような景観

行き来する「道」をつなぐものでした。

通過される地域

　当然町としては、観光資源であるこれら石橋群を積極的に活用したいわけですが、石橋は町内各地に広域に点在し、それぞれ遠いことや近くに駐車場がない等問題点も多く、どうしても有名ないくつかの橋のみに集中してしまっている状況です。当然のごとく「見るもの見たら次へ行こう」と観光客の滞在時間は短く、他地域に流れてしまうため「通過型」の地域となっていました。

ハートを映しだす石橋

　2010年秋、ある全国放送のテレビ番組で、佐俣(さまた)地区にある二俣橋の1つ、「二俣渡」が太陽の傾きによって川面に大きなハートを映しだすことが取り上げられました。放送後、ハートが見える10月～3月の晴天のお昼時には、現在でもたくさんの観光客が二俣橋に押し寄せていますが、訪問者の行動パターンは前述のとおりで、滞在時間はハートを見ることができる30分程度であり、従来の課題は何も解決できていません。

　しかし、その中でヒントになるような出来事がありました。私が橋のたもとにいたとき、60歳位のご夫婦が車ではなく、歩いて橋を見学に来られていました。地元の方かな？と思い声をかけてみると、「天草から温泉に入りにきていて、時間があるからぶらぶら散歩している」とのこと。

　そこでハッと気づきました。「歩けばずっと町に滞在してくれるのではないか」「歩いたあとに

美里で限られた時季しか見られないハート型の影：二俣橋（撮影：緒方直人氏）

温泉があれば入ってくれるのではないか」「ご飯も食べてくれるかもしれない」等など、いろんな可能性が思い浮かびました。歩きやすい道を提案することで、滞在時間が延ばせるのではないか。その時に「フットパス」が新しい地域活性化の方法になるのではと確信した瞬間でした。

フットパスとの出会い

　私とフットパスの出会いを、少し遡ってお話します。

　2004年から廃校を活用した体験型の交流施設で、農業体験や自然学校の活動などいろいろな活動を行っていました。地域の方々の協力で20を超えるプログラムをつくり、年間1,000人規模での参加者を集めるようになってきました。ただし、これらは募集型のイベントです。プログラムを実施するまでに常に大きなエネルギー（予算、手間、時間）を消費してしまいます。いつも広報のこと、予算のこと、人集めのこと等、心配することも多く、持続させていく点では厳しい現状でした。何か日常的に美里町を楽しめる方法はないだろうかと考えていました。

　そのような中、2010年の春、ある雑誌で発見した「フットパス」の記事。イギリスの国民文化であるカントリーウォーク。イギリスでの成り立ちや日本で広がり始めているという記事を読んで、これならうちでも取り組めるはず！と直感しました。情報を得ようと問い合わせ先である「日本フットパス協会」に電話し、とりあえず入会したことが思い出されます。

　その後、具体的に進めるためには、実際に活動されている地域を見に行かなければならないと思い、10月に北海道黒松内町での全国フットパスフォーラムに参加しました。それが、最初のフットパスとの出会いでした。

魔法みたいな伝染力

　気づいたからには行動です。フットパスのことをいろんなところで話し始めました。商工会の勉強会、地域づくりグループでの会合、役場の観光担当課、議会の議員さん方、婦人会、ありとあらゆる機会を通じて、「フットパス作りたいんです」、町田のフッパスガイドマップを見せて「こんなの作りたいんです！」とバカと言われるくらい、あちこちで話をして回りました。

ハートの石橋の上でみんなでポーズ　　　　　　　　　　　　小川は自然のまま

　フットパスは「地図を手に入れた人が自分のペースで歩くことができる」ということが基本です。コースさえ出来上がれば、ガイドツアーやイベントを行うことは容易にできる仕組みです。
　私たちがやることは、歩いて気持ちの良いコースを見つけることと、関心を持ってもらえるような地図を作ることなんです。
　すると、今までにはない反応が現れ始めました。まず、話を聞いてマイナスの意見を言う方が皆無でした。なにか活動のお願いに行ったりすると、すべてが協力的ではなく、その調整に時間と手間がかかりました。しかし「ここに、素敵な歩くコースを作るんですよ」とお話しすると、多くの方が前向きに話を聞いてくれます。中には「こっちの道がいいんじゃない？」とか、たくさんの資料を持ってきていただいたり、昔の古い道の話や歴史の話を積極的に話される方が現れました。
　また、嘱託員（区長）さんの会合にも参加させていただき、町全体でフットパスに取り組みますという話をさせていただきました。すると、いくつかの集落から「何かしたいと思っていました。ぜひうちの地区は協力するので、コースをつくってください」という、非常に心強い言葉を頂いたりと、1つのきっかけがどんどん広がっていく実感がしています。「よし、やれるぞ！」と大きな手応えと感じました。

物好きで「勘無し」な仲間

　新しいことを進めるには、仲間が必要です。長年石橋ガイドを努められていた「井澤るり子」さんの存在が、美里フットパスの広がりには欠かせません。井澤さんのガイドは、石橋の歴史だけにはとどまりません。その時代の生活、思いを、その時にいたかのようにガイドしてくれます。最初は横文字のなんだかわからないものを持って来たなと思われたようですが、今では強力な推進役の一人です。

　また、最初の調査とコースづくりには資金が必要だと、美里町地域振興協議会を設立し、農水省の食と農の交流促進対策交付金を活用しました。それによって、2年間で10コースの整備及び、マップを制作することができました。

集まってきた

　また、美里町商工会も強力な協力者の1つです。商工会は本来商工業者のサポートが主体の団体です。人が来て滞在すれば、自然と消費活動も活発になるのではないか、そんなアプローチにはフットパスが一番ではないかと提案しました。開発した特産品を活かすためには、さらに幅広い取り組みが必要だと認識され、フットパスを応援していこうということになりました。

参加者からの声

　フットパスコースをつくる過程で、何度かモニターウォークを開催し、参加者の方が次の感想を寄せていただきました。この言葉が私たちの背中をグイ！と押してくれました。全文掲載させていただきます。

「ヨソ者が見たフットパス」
　新しい土地に赴任して周辺をドライブするたびに感じることがあります。それは、集落を迂回するバイパス道路の整備が進んでいるおかげで、大きな観光地への行程は安全で所要時間も短くてすむようになっていることです。その一方で、途中で見かける鎮守の森や集落の家並み、よく手入れの行き届いた棚田や畑の広がる風景は、地域文化の魅力を放っているにもかかわらず、何かしら外部からの闖入者を拒絶しているような気配を感じるようになりました。考

えれば当たり前のことで、誰でも、静かで安全な生活を送りたいし、ましてや、不審な輩が家のまわりをウロウロしたりするようなことは御免被りたいのは自然なことです。かつての日本人の旅行と言えば団体旅行が主流で、大手旅行会社が緻密に計画した観光ルートに従って有名観光地を効率よく疾風のように駆け巡るというのが定番でした。観光客たちは、教科書でかつて見たことがある神社仏閣など有名建造物や富士山、穂高岳、開聞岳などパンフレットに掲載された有名な事物を現地で確認して満足していました。すなわち、あらかじめ知っているものだけを見に行くわけです。そのような旅では、途中の時間は短いほどよいもので、高速道路やバイパス道路を使って時間を節約することが求められました。しかし、最近では、自分探しの一人旅、二人の時間を取り戻す熟年夫婦旅、気の合う少人数のグループ旅が増えてきていると聞きます。これらの旅では、有名な観光スポットを見るだけでなく、目的地へ至る旅程のあらゆる場面で自分の五感を通じて得られるさまざまな発見や出会いを楽しむことが旅の目的になってきていると思います。見て聞いて触って味わうことから旅人自身が物語りと価値を見出すという旅の愛好者が着実に増えていると思います。そんな旅のニーズの変化に対して、美里町のフットパスは見事に応えていると思います。人里は、そこに住む人がいて丹精を込めて手入れしていただいているからこそ美しいのですが、人の生活の場でもあるので、外部の者が無制限に踏み込んで行って良いものではありません。美里フットパスは、住んでいる人たちが、外部の人に、「ここまでは入ってきても良いのですよー！」と道標やパンフレットで呼びかけてくれている、たいへんありがたい取り組みです。　人里を歩くとワクワクしてさまざまなものに感動します。それはおそらく、長い時間経過の中で注ぎ込まれた地道な努力と工夫の痕を感じることができ、都会の喧噪の中で生まれ育った者であっても、心の奥深いところに刷り込まれている日本人としての感性が呼び醒まされるからだと思います。　美里町のフットパスがさまざまな人々に親しまれ、農山村の地域固有の美しさや貴重さへの理解が進み、日本のふる里を応援する機運の醸成にも繋がっていくことを期待しています。

2012年11月　中島久宣

英国のフットパスは「歩く権利の獲得」の歴史でした。最初はその考え方に共感できない部分がありました。地域内に残る素晴らしい景観は誰が維持してきたのか？ということです。特に中山間地では農業や林業が生業です。景観を維持しようとしたのではなく、生業のために作業をしてきた結果、美しい農村の風景が維持されてきたのです。そのことを気づかせてくれたのは、中島さんの文章でした。

　私たちは「歩かせていただくフットパス」という考え方を持ちました。その地域に訪れる方たちが、謙虚にその意識を持つだけで、地域の皆さんとの良い関係性を持てるのではないかと思います。

地域づくりは気持ちだけではなく現金収入も

　美里町の主幹産業は農業です。近年、農業の形態も様変わりし、地域に直売所がいくつも設立され、農家が直接販売できる機会が多くなりました。頑張っているところはそれに比例して収入も増え、活気を取り戻しつつあります。やはり地域全体での収入が多くなれば、比例して地域の活気がよみがえるということです。

　イギリスでのフットパスは、地域経済にも大きく貢献していると聞きます。余暇を田舎のフットパスで過ごすという習慣ができれば、少なからずその地域での経済活動が活発になります。農家レストランや、縁側カフェ等、積極的に地域主体で取り組んでいきたいものです。

美里フットパス協会の設立

　フットパスが町内に次第に浸透してきました。歩いていると「フットパスですか？」と声をかけられることも多くなりました。すると、熊本県内や九州内から「美里フットパスを研修したい」との声が多数聞かれるようになりました。地域のありのままを活かす取り組みとして、次第に県内外に浸透してきたのです。私たちの考えが間違っていなかったと自信を深める出来事です。

　広げるためには足元をしっかり固めようということで、これまで進めてきた地域振興協議会と商工会のメンバーを中心に2013年4月1日に「美里フットパス協会」を設立しました。研修の受け入れ、イベントの開催、ガイドの養成な

①美里町小崎の棚田（収穫期）　撮影：清原利徳氏（美里町在住）
②熊延鉄道跡に残る八角形の洞門／③脇道が主役／④棚田の風景　撮影：濱田孝正

ど、フットパスに関する全ての業務を行っています。

　現在はさらに広がり、九州でのネットワークを構築し、企業や地域、さまざまなセクターをつなぎながら、九州中にフットパスを広げようという動きが始まっています。九州内の推進団体（NPOや観光協会、大学、企業等）と協働で「フットパスネットワーク九州（FNQ）」設立に向け準備中です。

これからの課題─フットパスは地域のもの

　これまでの取り組みの中では大きな障害はありません。しかし、フットパスの特性を考えると、地域の理解と協力、地元自治体との一体的な推進、この2つを外すことはできません。

　人々が生活する地域にコースが出来るわけですから、地域の方が歩く方々をしっかりと受け入れ、コースを歩く人々におもてなしをする気持ちが必要です。これから、特に地域へしっかりと丁寧に説明をしながら、地域が「歩く人

菜の花畑の大地を行く　撮影：濱田孝正

大歓迎！」となるように、ともに進めていきたいと思います。また、歩きに来る方たちへも地域に協力するのだ、という気持ちを持っていただくような啓発活動も欠かせません。

　また、自治体との連携も不可欠です。フットパスはいろいろなことを巻き込んで育っていきます。私たち民間だけでできるわけではなく、それぞれが持つ強みを活かすことが最終的な地域の強さにつながっていきます。人口1万人あまりの小さい町だからこそ、みんなでアイデアを出し合いながら進めていくためには行政が持つ調整力、情報力が必要です。

　そして、それは近い将来、九州におけるフットパスの発信拠点となるためにも、しっかりとした連携を取りたいと思います。

　（寄稿了）

日本におけるフットパス活動20年

その効果と評価

　どのまちもそれぞれが個性的で魅力的だということがわかっていただけただろうか。従来のような経済一辺倒のフィルターをかけると皆同じように見えるまちが、本当は一つひとつが光っていることがフットパスを通すとよくわかる。一つひとつの地域で皆さんがご自分たちのアイデンティティに気づき、その地域を愛されるようになっている。

　しかし、フットパスの効果はそればかりではない。それぞれのまちの自治体の担当者や関係者はフットパスのどのような点に効果を見出されているのであろうか。

　町田市産業観光課の唐沢さんは、地域によってフットパスに期待する意味が違うのではないかとおっしゃる。大きく分類すると、

　①環境保全型
　②まちづくり型
　③観光型

に分けられる。もちろんフットパスは同時に多様な効果を持つので、一つだけを目標に活動されることもないだろうし、活動を始めてからどの段階にあるかによって傾向も違ってくる。フットパスによって経済効果を期待する地域は、観光面に重点を置くようになるだろうが、そのためには宿泊や飲食の施設を整備することが必要になるだろうと唐澤さんは言われる。それぞれのまちが３つのどの型にあてはまるかに分けてみると、それぞれの地域の特性というものが理解できるであろう。

町田市—①環境保全型　観光施設—×

　東京の緑の防衛地、多摩丘陵にある町田にとってフットパスの第一義はやはり環境保全である。フットパスによって地元にも保全の意味を共有していただけるようになったことは、都市部にあるまちにとっては大きな意味を持つ。さ

らには、価値を共有できるようになった都市住民と地元民が一緒になって主体的にまちづくりを始めることができた。その上、今までになかった観光面も開発できてしまったのである。唐澤さんはフットパスの効果についてこう述べている。

「フットパスとは地域に埋もれている価値を発見し広く知らしめること、外から評価してもらうことによって地域の人が価値を再発見する。町田としては今までのベッドタウンとしての町田から町田の中で一緒に汗をながすことによって町田での価値を再発見してもらうまちにしたい。フットパスの効果はそれぞれの都市でもたせる意味が違うと思うが、町田としては景観保全に重き意味が置かれる。財政的に苦しい地域では観光としてとらえることが多いと思うが、経済効果は道の駅のようにバンバン物が売れないと現れてこない。経済効果までを出すには、宿泊施設や飲食設備、とりわけ宿泊面を整備しなくてはならない。町田も観光の課題として宿泊施設の整備を考えている」

長井市—③観光型　観光施設—○

長井市は町田市と異なり観光が先行していたまちである。観光が先行しているまちの1つのモデルであろう。いまのところまだフットパスは目玉観光ほどの動員率をあげられないが、オフシーズンを繋げるものとして、また滞在を伸ばす手段として、さらに観光の質を上げるものとして評価されている。

長井市内谷市長にフットパスの効果を伺ったら「長井は観光の花のまつり、例えばJRの花回廊キャンペーンのときには長井を含めて2市1町の観光客は2週間で20万人、久保桜には13万人、その他に白つつじ、あやめなど、数十万人が訪れる。しかしその他の季節には来ない。四季に人が訪れられるものとしてイングリッシュ・ガーデンを考えている。フットパスは花回廊でも1回に数十人と人数的はまだ小さいが、観光リピーターを繋ぐために有効である。また例えば黒獅子まつりに来た人がフットパスによって長井で滞在を伸ばすことも考えられる。フットパスの効果の1つはふれあいが多いことで、これによって何かが生まれ、それが次ぎに繋がる。山村留学で東京の中学生がやってきて農家民泊が喜ばれている。今は観光よりもその地域の生活を見ることに人気がある。

フットパスの2つ目の効果は、市民が外部の人に褒められて、楽しくなり、それが口コミで広がることにある。市民自身がいいと思わないとだめで、自分が気付いて情報発信することにある。市民が喜ぶことが大事である。ウォーキングに市民自身が参加して楽しむ、また外部から良いねといわれて喜ぶ、いいと気付く、発見する、感激する。うまくいくとパーッと広がる」というお答えが返ってきた。担当の浅野課長が「まつりのシーズンオフにはフットパスは有効で、季節関係なくお客さんは来る。花回廊では昨年は2000人がきている」と補足してくださった。

甲州市─②まちづくり型　観光施設─〇

　甲州市は観光が古くから栄え定着している地域である。あえてまちづくり型に分類したのは、観光の恩恵を十分経験しているまちが、その先の政策としてフットパスを取り入れた例と考えるからである。

　フットパス担当の三森さんは観光の先行きを案じてフットパスを導入した。

　「観光は外向きであるのに対してフットパスは、地元の人々も含めた内外双方にまちのよさを知ってもらうことができる。フットパスを大勢の人に歩いてもらいたい。来てもらいたい。それが観光に繋がる。経済効果もある程度なら出ている。例えば駅の売店（ぶどうの丘運営）や、「ぶどうの丘」の売上高を指標にするとトンネル・コースが整備されてから訪問者が増えた。近代化遺産でもフットパスによって経済効果が出ている。東日本大震災で一度は減ったがまた増えている」

　甲州市の中村正樹さんは甲州市におけるフットパスの効果を「行政にとっては、縦の部署の繋がりに対して、横に繋ぐことができるのがフットパスで、いろいろな方面に効果を期待できる。フットパスの効果として次の6項目を考えている」とおっしゃる。

　①まち歩きによる地域の活性化

　まちを歩く来訪者との交流により市民の地域に対する認識と愛着が深まる。それを契機にさらに魅力あるまちを目指す取り組みが活性化し、訪れた人々と地域住民の交流の中からコミュニティビジネスが発生するなど、地域産業の振興にも繋がる。（縁側カフェ等）

②美しい風景・景観の保全、地域の宝物の発見・体験型農業の展開
　まちを歩くことで地域の宝物や美しい景観に気づく。改善すべき負の景観も認識され、改善に向けた取り組みが進む。美しい景観の中で個性ある果樹産業を体験してみたいという来訪者が増加する。実際ワイナリーや農家にもたくさんの人が訪れている。
③市民の健康づくり・食育の推進
　楽しみながらまちを歩くことで、健康づくりやストレスの解消に繋がる。あわせて美しい景観の中で育った食材を使った料理により、健全な食生活を実践することで、健康寿命の延伸に繋がる。
④車を使わないことによるCO_2の削減、エコ意識の高揚
　自動車を使わず歩く時間を増やすことで、エコ意識の高揚とCO_2の削減に繋がる。
⑤交通安全意識の高揚、安全安心のまちづくりの推進
　まちを歩くことで自動車に乗っていたのでは気づくことの出来ない、歩行者の視点で危険カ所を把握することができる。ヒヤリ・ハットマップ等の作成により、市民の安全安心意識が高まる。まちを歩くことで、通行に支障となる段差や勾配に気づく。誰もが利用しやすいバリアフリーやユニバーサルデザインのまちづくりに貢献できる。
⑥市民・事業者・NPO等による協働のまちづくりの推進
　フットパスのまちづくりを進めるためには、地域やボランティア、事業者などの団体やグループが連携・協力して、フットパスコースの設定や地域を学ぶ活動に取り組むことが必要である。こうした活動を通じで市民の連帯感を基にした協働のまちづくりの推進に繋がる」。
　そしてさらに総合的な効果も考えておられる。「フットパスは甲州市を売り込み、施設を繋げるツール。観光だと施設を訪れるだけになるが、フットパスであれば、その周辺にも訪れるため滞在時間が増加する。トンネル、ワインカーヴなどの施設だけでなく、フットパスがあれば周囲をめぐってみようということになる。そうすることで次はみやげや食べ物などの経済効果が出てくる。また行政にとっては、部署の縦割りに対して、横に繋ぐことができるのがフットパスで、いろいろな方面に効果を期待できる。しかし、最も大きい効果は地

元をより深く知ることができ、心が豊かになることである」。

黒松内町─②まちづくり型　観光施設─○

　黒松内町はやさしく人を受け入れるまちである。移住事業にも取り組んでおり、少人数でも確実にゆっくりまちを愛してくれる人々を増やしていきたいと考えている。フットパスに関してものんびりまちを楽しんで欲しいという姿勢にある。

　佐藤副町長は「フットパスの効果は、1つ目は、ボランティアと行政が一緒に活動、成果としていくつかのコースでき、まず活動した人たちが成功を実感できたこと。一緒に力を合わせたことが町内に知れわたり、いろいろなイベントに発展し、まちづくりに貢献したことである。2つ目は、フットパス活動そのものが町全体に浸透したことにより、来る人がフットパスを楽しみにこられるようになったこと。いろいろな場で自然を実感し、黒松内を好きになるお客様が増えている。町内のことがマスコミに出ると黒松内をもっと知ってもらえるし、お客様が増えて、ちょっとした経済効果も出ている。震災以降、歩く人が増えて、黒松内の美しさをわかって好きになる人が多い。以前より心に響くようになってきている」と評価されている。

　企画調整課の新川さんは実感をこめてこう付け加えられた。「町民と一緒に活動していて成果が出て、外部のお客からきれい、いいコースと評価されると、フットパスをやっているからこそ言ってもらえるのだと実感することができる。一緒に汗を流す+評価＝効果が見えることを実感するという公式だと思う。コースの質をあげることによって経済効果も出てくるし、町のファンも増える。それによって今までの20年以上にわたるまちづくりの成果全体がフットパスによって見えるように思える。黒松内では「観光」という言葉は使わず「交流」としている。もっと人間味のあるものだと思う。目標はお客様がバスでなだれ込んで来るのではなく、家族や少人数のグループが何度もリピートし、1泊2日くらいでゆっくり過ごせる交流事業である」。

美里町─②まちづくり型　観光施設─×

　美里がフットパス活動を開始したのは2010年10月の「日本フットパス協会」

総会からである。

　まだ始まったばかりだが、濱田さんによると、コースの調査で歩くと、地元の反応がすこぶるいい。高齢化が進んで35％を超えていてお年寄り世帯も多く、人との交流に飢えているようだ。これまで、3度モニターでフットパスを行ったが、特に参加者にとって一番印象に残っていることは「地域の方々との交流」ということであった。美里町では美里町地域振興協議会と町商工会およびNPO、個人が関わっており、徐々に「フットパス」という言葉が定着しつつある。メディア露出も多くなって来ており、もはや得体の知れないものでは無くなって来ている。周辺自治体への波及効果も現れつつあり、熊本県では宇城市と宇土市、鹿児島県では錦江湾周辺、宮崎県では五ヶ瀬町などが、民間を主体に取り組み始めている。九州内の連携を深め、お互いに学びながら広げていきたい。美里フットパスの今後の目標としては24年度中に約10コースを選定し、ガイドマップを制作する予定で、定期的なフットパスウォーキング等を行いながら、町内外の理解を深めていきたいと考えている。また美里フットパスではFacebookページを開設し、コースつくりの様子やイベントの告知、報告等に活用している。

北杜市甲斐大泉—①環境保全型　観光施設—×

　清里の都会的な文化圏にあるからか、ここも環境保全の意識が高い。代表の高木さんは「私がフットパスの活動でいいと思ったことは、いろいろな個性の、いろいろな能力のあるかたとお知り合いになれたということ。また、大泉では60才以上の高齢者の仲間がほとんどだが、人の輪が広がることがうれしい。そして本当に小さな1つひとつの力が合わさると、大きな力になるということを実感した。また、フットパスの活動を通して、自然保護や、景観に対する自分の考えを育んでいっていると思う。自分も少しづつ成長している。周りの自然や、生活の景観を見るときここにも、ここにもフットパスに適したいいところがある！うつくしい！フットパスにしたらいいなと思うところがたくさん見える。そして多くの方にも知ってもらったら、歩いてもらったら、長い間地元の人が守ってきた自然、山や、里の景観がどれだけ貴重なものか知ってもらえると思う。今は少し忘れられたり、荒れたりしているが、このまま良い形で次の

世代につないでいくのに役に立つのではないかと思う。地域の方にも地域外の人にもフットパスとその周りをよく知ってもらい、歩く人が来ると、地域も美しく蘇り、きっと地域の活性化にもつながると思う。マップを買って歩いたよと言ってもらえるとうれしい。少しづつフットパスのことが周りにも広がり、市のほかの地域でも活動をするグループが出てきていると聞いている。フットパスを歩けば嫌なことも忘れることができる。歩くことが楽しい。グループで、個人で、月1回の散策会で、歩けばまた元気が出る」とおっしゃっていた。

イギリスのフットパスを目標に——経済効果を考える

　以上、日本のいくつかのフットパスのケーススタディをご紹介してきたが、自治体によってフットパスをなぜ導入したのか、目標を何に定めるかということは変わってくる。日本ではまだ始まって長くとも20年、それなりの効果は認められてきているものの、イギリスのような経済効果はまだ報告されていない。

　100年の歴史を持つフットパス発祥の地イギリスでは、かなり明確な経済効果があがっている。日本のフットパスの将来を占うものとしてイギリスの現状をご紹介したい。

イギリスのフットパス

その歴史的背景

　フットパス発祥の地、イギリス。コッツウォルズの蜂蜜色の家々や牧場の白い羊たち、湖水地方の文学的景勝地、緑の間をぬって歩く人々の姿。成熟国家イギリスの象徴として憧れる人も多いだろう。

　イギリスのどこまでも続く豪華な田園風景は日本では決してまねのできないものである。戦後日本はGHQの農地解放政策によって大地主が所有していた土地は小作

広がる美しい景色

第2章　各地のフットパス　109

農に散りぢりに分割されてしまったからだ。イギリスでは土地は貴族や資産家などの大地主が大きな区画を所有しており、美しい田園風景を守っていくことをステータスとしているので日本のように細々と分割されて売りにだすような風土にはない。

　フットパスはイギリスの歴史の所産であり、その背景を知らなくてはフットパスを理解することはできない。この方面の数少ない研究者のお１人が青山学院の平松紘先生であるが、先生は思いがけずにも早く亡くなられてしまわれた。実際の講演を、一度だけうかがう機会に恵まれたが、これからこそがさらなるご活躍の時期であったのに、私もたくさん伺いたいことがあったのに、本当に残念だった。

　平松先生の『イギリス緑の庶民物語』によれば、「イギリスの歴史は山、川、海、道などすべてを囲い込んでしまった貴族の土地の中で市民の活動する権利の獲得の歴史である。貴族の領地の中で家畜を放牧する権利、入会地の中でレクリエーションをする権利、などすでに17世紀頃から領主の土地の中での何かを行う権利を獲得しながら、イギリス市民は生活してきた。"公園（パーク）"ですら本来の目的は貴族たちの狩猟や果樹園のために囲い込んだ緑地であって、初め庶民には立ち入りが禁止されていたが、のちに"施し"として、開放されるようになった」と書かれている。

　また和光大学の岩本陽児先生は「ビクトリア時代後期の県境保全運動と全国里道保存協会」というテーマの講演の中で、「イギリスでフットパスが出現したのは、産業革命の後である。産業革命は急激な都市化をもたらし農村を荒廃し、鉄と石炭は公害を発生した。入会地や緑地も鉄道の建設によって破壊され、ロンドン市民は劣悪な住居環境の中での生活を余儀なくされていた。一方、都市問題が深刻化するにつれて、都市知識人の間でも、村落共同体の生活を懐古する田園ノスタルジーが広がっていった。このような社会・経済的そして知的背景の中で、1860年代にロンドンの貧困地区で、中産階級が指導する社会改良（慈善）運動として出発したのがフットパスだったのである」と述べられた。つまりフットパスは環境保全運動の１つの形だったといえよう。

　フットパスは、権利獲得への戦いの中で勝ち取られた、他人の土地の中の道を歩く権利なのである。特に18世紀になってロンドンに人口が集約し始め、19

イギリスのフットパスは長い歴史に支えられている

世紀に産業革命を経て労働環境や生活環境が、苛酷になるにつれて、彼らの田舎や自然への回帰への欲求は高まっていった。ナショナルトラストの創始者として有名なオクタビア・ヒル女史は貧民救済のために小庭付きの住宅や、オープンスペース、景勝地の保全そして、フットパスによるアクセス権の獲得に一生をささげた。ナショナルトラストやランブラーズ協会はこのような、市民の全般的な生活環境の改善——住宅、公園、緑地、道——の過程の中で生まれてきた組織である。1880年代になると、この環境運動に貴族が賛同するようになり、チェンバレンやチャーチルなど歴代の首相にも影響を与え、1907年のナショナルトラスト法のように、法律となって社会の中で制度化されていったのである。

　フットパスは、背景にこのようなイギリス人の歴史を超えた生活の知恵や自由への思想によって構築されてきたものなのである。したがってイギリス人に

とって、田園を歩くことは最も理想的で心を満たされるレクリエーションであるし、1本でも多く歩ける道を勝ち取ることが重要であったのだと思う。全英のフットパス地図には、現在は廃道となっているような道まで、すべての道が掲載されている。それぞれの道の景観と共に、自由と癒しのウォークは守られているのだ。

イギリスのフットパスの過し方

　平松先生によると現在、イギリスの散策愛好家が最も誇りにしているパブリック・フットパスは「長距離歩行道」であるという。

　「長距離歩行道」には公式的なものと、非公式なものがあって公式な「ナショナル・トレイル」と呼ばれる歩行道は15本で、非公式長距離歩行道は50本ほど存在する。「ナショナル・トレイル」だけでもロンドンからローマへの往復に相当するほどの距離がある。自治体や団体によって設定され管理されている。管理されていない道を含めると無数にあると言える。多くの「長距離歩行道」はイングランド史を辿るかのように設置され、多くの人々の散策道として愛されている。

　特に整備された「ナショナル・トレイル」は週末の2泊3日、あるいは1週間以上の散策を求めて設置された公道である。全トレイルにおいて年間300万人もの利用があり、そのうち4万人は1週間から2週間をかけて楽しむ。その半分は日本円で2,600円（20£）、4分の1は2,600〜6,500円（20〜50£）で一宿を取る。宿泊施設としては、トレイルに沿って点在す

古い石づくりの壁も残る

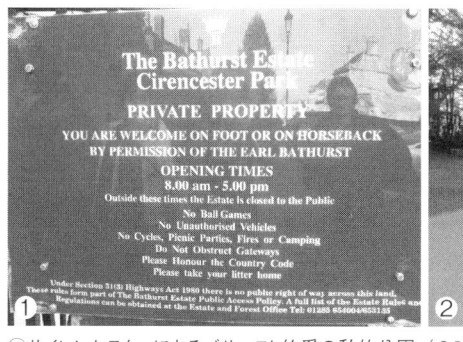

①サイレンセスターにあるバサースト伯爵の私的公園（9時から時まで一般解放）
②この一番奥から、さらにまた公園は広がる

るB&Bという朝食付き民宿、もしくはインという小ホテルが繁盛する。

大部分の日帰り散策者も平均650円（5£）ほど費やしている。このようにして「ナショナル・トレイル」が、国家的な観光事業の一環として位置づけられるのもイギリスらしい。最も利用されている「ナショナル・トレイル」の1つ「南西沿岸道」は約1,000キロ、ここでは、年間約30億円の経済効果があるという。

年間8,000億円、24,000人の正規雇用創出のフットパス

「日本フットパス協会」の設立シンポジウムで講演を行ったナショナル・トラストのジョー・バーゴン氏は、有名な"コッツウォルズ・ウェイ"（チッピング・カムデンからバースまで）の製作者であり最高責任者である。

ナショナル・トラストは会員数400万人、常勤の職員は4,000人、ボランティア4万人、年会費は40.5ポンド、資産を持ち土地の購買能力もあるというイギリス最大の保全団体である。

バーゴン氏の講演によると、英国で最も人気のあるスポーツはウォーキングで、約3,800万人（英国の成人の77％）、2位の水泳の3倍もの人数だという。ウォーキングの最大団体ランブラーズ協会の会員数は、20年前の4万人から現在では14万人に激増している。なお、イギリスでのロングトレイルといわれる長距離フットパスの利用頻度は、公式・非公式をあわせ約8億9,000万回。これは、英国の成人の15％が利用している計算だ。

フットパスによって英国に及ぼされる経済効果としては年8,000億円、正規雇用だけで年間約24万5,000人ということがランブラーズ協会によって発表されている。Ｂ＆Ｂなどでの宿泊料、ビールやチーズなどの特産品販売などの観光面での売り上げだけでなく、農地改良（3,770億円）や環境保全——例えば湖水地方などでは約1,200人の山岳侵食修復作業員などを増員し、新しい雇用も発生しているとのこと——などの環境面での収入が含まれる。

　バーゴン氏のお話では、ランブラーズ協会の考え方についてはいろいろと、変化してきているとのことだが、以前は歩くことだけに関心を持っていたランブラーズや、英国政府そのものが最近はフットパスの経済的効果や価値について注目するようになってきている（グリーン成長経済戦略）のではないか、そう私は思っている。

　政府は、企業とパートナーシップを組んで、自然資源を有効に活用しつつ増やし、グリーン成長経済戦略（green and growing economy）の世界的なイニシアチブを取ろうとしているように思える。

　ランブラーズ協会も以下のように経済的恩恵について広く国民に知らしめようとしている。2010年のランブラーズ協会（会員数14万人、常勤64人、ボランティア5,000人、年会費25ポンド）による「ウォーキングの詳細情報１——ウォーキングの恩恵」を抜粋したものである。

資料１：ウォーキングの恩恵（抜粋）

１：地域の経済に貢献する
・年間の売り上げ8000億円（6.14bil£）。利益は1300億円（２bil£）。
・２万4500人の正規雇用。
・スコットランド人の2008年の旅行数はのべ３億8400万回。売上3640億円（2.8bil£）。80％はウォーキング客。スコットランドの訪問客のウォーキングによる売上は569億4000万円。
・ウェールズ海岸のウォーキングによる売上は715億円（550mil£）
・イングランドの海岸での旅行数は６億2000万回、売上2990億円（2.3bil£）

２：人気のフットパス・コースは地域の経済に貢献する
・南西海岸パスでは地域に年間399億1000万円（307mil£）、7500人の雇用という経済効果をもたらしている。そのうちウォーキング目的の客は27.6％、売上は年間176億8000万円（136mil£）。地元の人がこのコースを歩く回数は年間2300万回。売上は150億8000万円（116mil£）。パスの維持費は6500万円（50万£）。
・ハドリアンウォールパス（長い城壁コース）は2003年にオープン。利用客は現在２倍に。このフットパスでの売上は６億5000万円（５mil£）。

- ウェールズのペンブロークシャ海岸パスの宿泊業者によると、40%の客がウォーキング目的。宿泊業者の半数がこのパスは利益としてこのパスは大変重要と答えている。
- スコットランドの最も人気の公式ロングトレイル、ウエストハイランドウェイでは、7万5000人の旅行客が訪れ、売上は年間4億5500万円（3.5mil£）、200の地元事業を生み出している。
- イングランドの海岸でのパスは地域経済に年間売上3億3436万円（2.572mil£）、10万人の正規雇用を生み出すと予測されている。

3：ウォーキングは地域に経済効果をもたらす
- ロンドンのタウンセンターのショピング客の44%が徒歩で買い物に来ている。
- フットパス用の美しく魅力的な道にある家屋や店舗は5％評価が上がっている。
- ロンドンのウェストエンドの有名なオックスフォード通りやリージェント通りを忙しい時期の12月や5月に歩行者天国にしてみたら、40%の集客増になり大成功であった。
- 政府の輸送評価では、鉄道道路網の費用対効果が3：1であるのに対しウォーキングやサイクリングの費用対効果は20：1でかなり良好な結果であった。

4：ウォーキング人口の増加は国の医療保険を節約できる可能性を持つ
- 現在、運動不足は国民健康保険に1300億円～2418億（1bil£～1.8bil£）の損失を与えている。さらに拡大解釈すれば、病気休暇が7150億円（5.5bil£）、早死1300億円（1bil£）、など全体で1兆790億円（8.3bil£）の損失となっている。
- 152のPCT（Primary Care Trust―地域福祉医療計画）地域では、年間6億5000万円（5mil£）が運動不足のために損失となっている。
- 国民健康保険に対する肥満による損失はそれだけで年間5460億円（4.2bil£）に、因果関係を含めたら2兆800億円（16bil£）の損失に上る。このままの状態が続けば2050年には6兆5000億円（50bil£）にまで跳ね上がる。
- 生存率を上げるためにBMI（肥満度）を1ポイント下げるには、780万円（6000£）かかる。
- 健康ウォークにかかる130円（1£）は国民健康保険の経費を910円（7£）下げることができる。
- 車通勤の20%を歩きや自転車通勤に変えると3640億円（2.8bil£）のスコットランドの経済の経費を浮かすことができる。40%に変えると、7150億円（5.5bil£）の経費削減となる。

(The Natuaral choice : Securing the value of nature" Presented to Parliament, by the Secretary of State for Environment, Food and Rural Affairs by Commando of Her Majesty, June 2011)

英国でもまちづくりに成果をあげるフットパス

　さらに目に見える大きな経済効果があったのは"ウォーカーズ　ウェルカム　タウン（Walkers are welcome town）"である。ウィンチコムの活動のリーダーのシーラ・タルボットさんによると、ウィンチコムは現在イギリス全土で100カ所ある"ウォーカーズ　ウェルカム　タウン（Walkers are welcome town）"の1つである。ウォーカーズ　ウェルカム　タウンとは、歩く人に気持ちよく過してもらうために、まち全体で支援をする活動で、ウィンチコムでは年に1度5月下旬に3日間、まちをあげて全国ならぬ全世界からのウォーカ

ーズを受け入れる。
　ほとんど1日を費やすハードなコースから、午前中だけの初心者コース、パブでおしゃべりを楽しむ高齢者の集会、そして身障者向けなどいろいろなグレードのフットパスが、17コースつくられており、ガイドがつくものもある。参加者は美しい景観の中を歩いたり、ゆったりとパブで食事をとったりして、まち全体が活気であふれるそうだ。
　シーラさんによるとこのフェスティバルを始めたことで、以前は休業していたような店舗も、常時開店できるようになったという。まさにこのウィンチコムのフットパスは、地元の活性化を目標とした活動である。
　ウィンチコムでは3年前から始まったというが、以下にあるパンフレットにあるウィンチコムでのフェスティバルの内容やコースを見てみると、ちょうど私たちが10年前から始めた「フットパスまつり」と全く同じ趣旨の活動がイギリスでも行われていたということになる。フットパスがまちづくりのために活かされているという状況も、フットパスを通して目標としている社会も、目指すところはイギリスでも日本でも同じことだと今更ながら知ることができて、フットパスに期待される効果は世界的に認められつつあるといえるであろう。

資料2：ウォーカーズ　ウェルカム タウン（Walkers are welcome town）パンフレット著者訳

　◎WaWとは何か
　歩好者の方々へ—WaWは歩好者にスペシャルサービスを提供します
　まちをあげて行われるこの活動は、2007年にヘブデン・ブリッジのペナイン町で始められました。今ではこのWaWは英国全土に広がり、歩行者が訪れると楽しく過ごせるようになっています。
　まちのお店やカフェやバーでブラックとゴールドのロゴを見たら、そこはWaWだということがわかるでしょう。WaWのまちは英国の中でもあまり開発されていない景色の美しい所に多くあります。北部ウェールズ海岸、スコットランド南部高地、シュロープシャ丘陵、ペナイン山脈、ヨークシャー丘陵、まさに英国全土に広がっています。
　WaWのまちは急速に数が増えています。その時々の数はホームページでご覧ください。
　◎WaWを志すまちの方々へ—ご自分のまちの魅力をもっと探しませんか
　WaWになるとまちに大きな効果がもたらされます。WaWは歩好者にとって楽しい野外活動の場をもたらすと同時に地域に経済効果をもたらします。WaWはフットパスや歩くための環境を良い状況に維持し、歩好者だけでなく地元の人にも効果をもたらすのです。地元の観光の再生計画政策ももたらします。
　またWaWになると他のWaWの仲間と交流をする機会を得ることができます。そしてお互いに経験を共有し、新しい考えを得ることができます。

WaW活動は従来のようなトップダウンの格付けではなく、地元から生まれ地元によって推進されている活動です。WaWの概念は、2006年から議論が始まり、実質的には2007年春にヘブデン・ブリッジのペナイン町が最初のWaWになりました。その後すぐに、スコットランドのモファットや北ウェールズのまちまちがペナインに続きました。現在は100ほどのまちがWaWに登録、またはその過程にあります。

◎WaWネットワーク

　WaWのまちは集結してネットワークを作っています。このネットワークがWaWを発展させ運営しています。また海外でのロゴの使用についても検討しています。年総会は10月に行われています。換言すれば、WaWの概念とブランドは協働して参加者自身のネットワークで管理されています。つまり草の根的な民主主義の活動であるわけです。

　WaWネットワークはWaWを目指す他の地域の資格取得を歓迎します。

◎参加資格

　WaWへの資格取得は比較的簡単です。またこの資格取得の過程でそのまちの結束を固めることができます。

　6つの参加資格

　1．―WaWの考え方に対する地元の支援が地元の人たちの署名の形などで表現されていること

　まちで配布する署名用紙に地元の人は名前住所を書いてWaWになるために支援する。店、パブ、ホテルなどもその用紙をもっており人々に署名をお願いしている。通りに机を置いて署名を勧める場合もある。地方紙や放送局で広報を行うこともある。ケーキなどを売って募金を行うこともある。WaWの本部ではどのまちでも最低人口の5％の署名を必要としている。この中にはウォーキング関連企業なども含まれている。

　2．―地元自治体もしくは議会によるWaWへの正式文書があること

　以下の2つの方法のいずれかでよい。

①議会からの文書
②議会でWaWになることが議論され承認されたという記録

現在イギリス全国にWalker's Welcome Townが75ある

第2章　各地のフットパス　117

3．―フットパスやそれを支える環境整備が良好であること
 地元の人々が、フットパスに何か支障があったときにそれを市民団体もしくは議会に報告し、修理してもらえる手段があること。たいていのまちにはゴミを収集したり、定期的にフットパスを見回る市民団体がある。
 4．―WaWを維持する充分な広報ができること
 そのまちがWaWのメンバーであることを推進し広報する。
 WaWであることをホームページを作って広報したり、まちでロゴを提示したり、地方紙に載せたり、ロゴをガイドブックに載せたり、ガイドウォークをしたりなど。
 5．―公共交通機関の利用を推奨すること
 今は車での移動が主流だが、WaWではなるべく公共交通機関を使うようにすすめている。バスを使うコースを設定したり、バス会社に要請して特別乗降停留所を増やしてもらったり、バスにも広報をしてもらったりする。
 6．―WaWを維持するシステムができていること
 WaWを維持するためにそれぞれのまちが経歴や経験を充分持っている。WaW委員による委員会を持っていることが必要。例えばウィンチコムのWaW委員会では、10人の委員がおり、そのうち2名は議員、3名のランブラーズ協会会員、コッツウォルズのレンジャーが2名、そして歩くことに精通する者が2名となっている。この10人はまた、1名はウォーキング企業に関連し、5名はウォーキング・ガイドであり、1名はコンサルであり、会計担当は元銀行員であり、1名は旅行業者でもある。このような様々な経歴や経験を持った人々によってWaW委員会は持続可能となっている。収支においても、ガイドブックの販売、ホームページでの広告料などでフェスティバルを行うに充分な収入を少しづつ着実に得ていることが示されている。

日本とイギリスのフットパスを比較して

 イギリスのフットパスの発達には歴史的社会的必然性があったが、日本もまさにそうであると考える。日本の場合、地主さんから道を歩く権利を勝ち取るなどという対立の歴史はない。フットパスに適した道は昔からその地域の人々によって使われてきた里道などの場合が多く、たいていが赤道（国の道は公図表示上赤色で着色されていた。個人的な所有ではないので誰でも通ることができる）、つまり公道であるからだ。道を歩いている分には誰からも文句を言われる筋合いはない。

 では日本でなぜ今フットパスなのだろうか。イギリスの真似をしただけのことなのであろうか。ナショナルトラストなど、イギリスで成功したシステムを日本にももたらそうとする活動はこれまでにもいくつもあったが、なかなかイギリスと同様には根付かないでいるように思われる。どんなに素晴らしいシステムであったとしても、それを育成する風土が伴っていないと外国からその形だけを導入してもなかなか浸透しないのであろう。しかしフットパスの登場し

イギリスのナショナルトレイル一覧表
(1998年現在)

#；ナショナル・トレイル、他は非公式道、S；スコットランド公式道

	名前(通称)	距離(キロメートル)	特徴
	アングレス・ウエイ	123	迷路だが容易な歩行道
	カルダーデール・ウエイ	80	川沿い沼地が多い
	カンブリアン・ウエイ	440	沿岸ルート、やや高度
	チェッシャー・リング・カナル・ウォーク	155	運河沿い、容易な散策
#	クレベランド・ウエイ	177	沼地、沿岸が多い
	コースト・ツ・コースト・ウォーク	304	やや厳しい高地
#	コッツウオルド・ウエイ	161	容易な散策
	カンブリア・ウエイ	112	容易、一部高度
	ダーレス・ウエイ	130	容易、散策団体による設定
	ダイフィ・バレイ・ウエイ	172	かなりの曲線道
	エセックス・ウエイ	130	ロンドンからカントリーサイドへ
	グリンドワズ・ウエイ	206	ウェールズの歴史ルート
	グリーンサンド・ウエイ	169	容易、散策団体による設定
	グランド・ユニオン・カナル・ウォーク	234	引き船道
	ハート・イングランド・ウエイ	161	草原、容易な散策道
	イクニエルド・ウエイ	169	有史以前のトラック
	マン島沿岸パス	121	岸壁の景観、岩道多い
	ウェイト島沿岸パス	105	海岸湿地と岸壁の道
	ジェラシック・ウエイ	142	石灰岩、運河に沿う
	ケリー・ウエイ	215	国立公園を通る容易な散策道
	ランズカー・ボーダーランド・トレイル	96	風の強いルート
	ロンドン・カントリー・ウエイ	330	既存の歩行道、自転車道
	北コッツウォルド・ダイアモンド・ウエイ	96	散策団体による設定
#	北ダウンズ・ウエイ	227	森林道、適度に迷路
#	オッファ・ダイク・パス	270	時に高度な道も
	オックスフォードシャー・ウエイ	105	容易な散策道
#	ペターズ・ウエイとノーフォーク沿岸パス	138	ローマ道路
#	ペンブロケシェアー沿岸パス	299	厳しい岸壁も
#	ペンニン・ウエイ	412	険しいところも
	リブル・ウエイ	118	魅力的な川沿い
#	ザ・リッジ・ウエイ	137	旧跡、森林
	ロビンフッド・ウエイ	165	シャーウッドの森を通過
	セイント・ウエイ	59	沿岸から沿岸
	サクソン・ショアー・ウエイ	258	ローマ時代にたどる沿岸道
	セバーン・ウエイ	338	野性的な丘、沿岸道
	シュロップシャー・ウエイ	201	容易な散策道
	ソレント・ウエイ	96	ニュー・フォレストに沿う
#	南ダウンズ・ウエイ	171	チョーク丘陵、自転車道も
#	南西沿岸パス	965	険しく困難な道
S	南アップランド・ウエイ	341	沿岸から沿岸へ
	スペイサイド・ウエイ	81	旧鉄道を使った道
	スタッフォードシャー・ウエイ	148	変化ある道、引き船道
	ストール・バレイ・パス	96	容易な散策道
	タッフ・トレイル	88	散策・サイクリング道
#	テームズ・パス	288	河川沿い、散策団体による設定
	スリー・カッスルズ・パス	96	13世紀ジョン王の旅行道
	ツー・ムアー・ウエイ	166	沼地多い
	バンガード・ウエイ	107	容易な歩行道、森林
	ヴァイキング・ウエイ	225	容易な歩行道
	ウイールド・ウエイ	129	アシュダンの森、丘陵
	ウェセックス・リッジウエイ	219	広大な平原、沿岸
S	西ハイランド・ウエイ	153	夏は賑わう容易な散策道
	西メンチップ・ウエイ	48	短いが楽しい道
	ホワイト・ピーク・ウエイ	144	石灰岩の景色
	ウィックロウ・ウエイ	130	アイルランド最初の公式道
#	ウォルズ・ウエイ	127	曲線的なルート
	ワイ・バレイ・ウォーク	172	河川沿い

第2章　各地のフットパス　119

た背景は少し違っている。

　日本で最近フットパスが関心をもたれるようになったのは、イギリスが100年前産業革命の後に辿ったように、バブル経済のはじけた今の日本も同じような脱工業化社会の人間性回復過程を辿っているからのように思われる。フットパスが1990年代に筍のように北海道や山形、町田など日本の各地それぞれに、自然発生してきた経緯から見ても、フットパスは日本の草の根的な運動として浮上してきたことがわかる。ちょうど産業革命に疲れたイギリス市民がカントリーサイド（田舎）に救いを求め自然や歴史を統合した景観を維持し楽しむことに最高の価値を置くようになったように、バブル経済の崩壊は、日本人に高度経済成長では得られなかった精神的な充足感と新しい社会的価値への変換をもたらした。今日本においてもフットパスが登場したのは歴史的必然、もしくは国家の成長過程の1つのステージに到達したのだと考えずにはいられない。日本におけるフットパス活動の出現は日本が国家としての成熟期に入ったことを示す象徴ではないだろうか。

　もちろん、歴史的背景が違うイギリスと日本のフットパス事情にはいくつか違いはある。イギリスには大地主による土地所有制度が残るために広大な質の高い景観が保全されるという美点があるが、土地の所有が固定化しているために若い人が新しい活動に着手できる機会が少なく、また

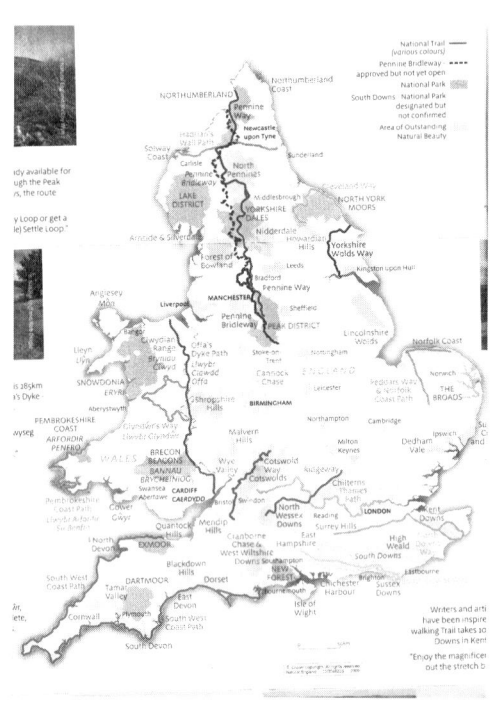

「イングランドとウェールズのベスト・トレイル」英国政府系機関ナチュラル・イングランド提供
The best Trails in England and Wales by Natural England

地元の活性化は、地主の協力度いかんに、大きく左右されるという問題もある。

逆に日本のフットパスは地元を活性化するということに主眼点をおいて始まったので、地主さんが自ら協力したり、若い人や都市住民が地域に惹かれてやってきて移住定住したり、職を得たりすることがこれから活発に行われるようになるという将来性がある。

実際にランブラーズ協会のミルズさんにもナショナルトラストのバーゴンさんにも日本のフットパスが地元の活性化や人々との交流に重きを置いていることに対して「心に響く、自分たちが学ぶべき点だ」とおっしゃっていただいた。イギリスでもフットパスの途中にあるブルーベリー農家に販売を勧めたら協力的になったとも教えてくださった。地主さんからいかに道を通る権利を獲得するかという闘争の歴史であったイギリスの背景を考えると、北海道の伊藤さんなど牧場主５人が自分たちから牧場を開放してフットパスにしている根室MOBITの例などは「イギリスでは考えられない」のだそうだ。

しかし歴史的背景の差異はあれども、最近の日本はイギリスに似てきた、言い換えれば、目指す社会がアメリカ型からイギリス型に変わってきているように思える。この中で私は経済効果を含めたフットパスの将来性を追及していきたいと思っている。

最近、入会地制度などの法的な観点や観光学など、さまざまな文屋でフットパスを研究する若い研究者の方たちが増えてきていることは大変ありがたいことである。

平松先生は亡くなられてしまったが、平松先生のお弟子さんであられる龍谷大学の鈴木龍也先生、北九州市立大学の廣川祐司先生が平松先生の研究を法律学の観点から引き継いでいらっしゃることがわかり、お目にかかってご指導いただくこともできた。さらに、観光学の見地から熱心なフットパスの推奨者である大阪国際大学の久保由加里先生も加わってくださって、関西地方でのフットパス研究の広がりにおおいに貢献してくださっている。関東地方では筑波大学の前川先生が文化人類学の立場から早くからフットパスを応援してくださっているが龍谷大学での研究会が元になって環境学やまちづくりの観点からも龍谷大学の須川先生や山中湖村の東大癒しの森の齋藤先生、岩手大学の山本先生など全国でのフットパス研究者が増えており、今後さまざまな分野からご指導

いただけるとおおいに期待している。
　さて、それではイギリスの事例から学んできた終わりに、北海道全土のフットパスでも登場していただいた、小田高史さんによる報告をご覧いただきたい。実際に歩かれての感想などもあるので、ぜひ参考にしていただければと思う。

イギリス

英国にみるフットパスの経済と環境改善効果

小田高史(おだ・たかし)
　札幌市在住 通訳・翻訳家 イギリスのフットパス事情に詳しく、英国におけるオールタナティブな試みである田園都市、代替技術センター、シード・ライブラリーなどに学び、持続可能な社会・経済システムやライフスタイルに関心を持っている。

個性のある小さなまち

　観光による地域経済の活性化において、「世界遺産」などの指定は、さまざまな効果をもたらしていることと思われます。

　フットパスと関係がある指定ものに関して言うと、私が個人的に体験したものでは、アイルランドのケリー州にあるケンメアという町が、"Tidy Town"（小綺麗な町）という指定を受けています。2010年に私と娘が訪れたときには、町のボランティアが、この名誉あるタイトルを維持するための清掃活動を行っているのを見かけました。このタイトルが町民の意識を高めているようです。

　町の指定にはさまざまなものがあり、フランスには「個性のある小さな町」というものがありますが、これは大変好奇心をくすぐる効果がある名称だと思っています。この指定を受けられる資格は、人口5,000人以下の町で、伝統的な統一感のある町並み（建物群）を持ち、旅行者をもてなす宿やレストランなどの施設があり、しかも、自分たちの持つ遺産をしっかり保存する計画や年間行事を持っていることが条件となっています。ということは、訪問者にとって、これらの町は歴史的な遺産が良い状態で見られる可能性の高さを示すものですし、訪問者を受け入れる側にとっても、町の伝統や遺産に対する関心を高く維持することができ、そのことが物質的保全だけではなく、文化の維持にもつながります。

Best Kept Village

　フランスの「個性のある小さな町」に匹敵するような英国の指定制度はと考えると、「Best Kept Village（最も保全状態の良い村）」ではないかと思います。4年前コッツウオルド・ウエイという、全長164kmの長距離フットパスを6日間かけて歩きました。この際にグロスタシャー州にあるペインズウイックという小さな町を通過しましたが、実はこの町は「クイーン・オブ・コッツウオルズ」という異名を持っています。英国のフットパス歩きの楽しみは、農地や森などの自然を数時間歩くと、パブのある村に行き着くことです。自然と交互に町や村を訪れられることがよい変化を創りだしています。ペインズウイックではお茶をしようと計画していました。趣のある優雅な雰囲気の町を歩いていると「Best Kept Village（最も保全状態の良い村）」と書かれた看板を見かけました。

　看板にはさらにCPREという4文字のアルファベットがあります。

　これは Campaign to Protect Rural England（英国の田園地域を守るキャンペーン）の頭文字で、この指定制度を創り出したチャリティー組織の名前です。1930年頃から地方にも都会化と開発の波がおよび始め、そのことに危機感を覚え、この組織は田園地帯の環境保全運動を起こしたのです。本部をロンドンに構え、そのほかイングランドの8つの地域にオフィスをおいて活動しています。この組織は、英国の田園地域を、「貴重な環境的、経済的、社会資産である」と言明しています。Best Kept Villageのタイトルを求める町は立候補し、

「Best kept village」の看板

市民によって美観が維持されている

毎年行われる審査で決まります。審査基準には、町と周辺の看板などがきちんと美的配慮のもとに管理されているのか、生け垣などの景観の維持が野生の生物にも配慮を持って行われているのかも考慮されます。このような配慮によって維持されている優れた景観と環境の中にあるフットパスは多くの人々を惹き付ける訳ですから、このような町とその周辺の環境は、確かに経済効果をもたらしているのです。英国における「国立公園」や「AONB」の制度や指定もこのチャリティー組織が働きかけて実現しました。 今触れた「AONB」を紹介します。コッツウオルズを歩いているとこのような標識を時々見かけます。AONBとはArea of Outstanding Natural Beautyの頭字語で、直訳すると「とりわけ自然景観が美しい地域となります。これは環境保護の点では、国立公園に次ぐ権威のある地域指定です。現在イングランドとウエールズにおける46の地域がAONBの指定を受けています。

　これらの合計面積に、15の国立公園の面積を加えると、イングランドとウエールズの総面積の四分の一ほどになるといわれています。しかし、CPRE（英国の田園地域を守るキャンペーン）が国立公園とAONBの指定を与えている訳ではありません。

　また次の写真は私がイングランド南西部のコーンウオール州ランズエンド付近の民宿で見かけた看板です。この看板によると、欧州委員会と英国の政府機関であるDefraが、コーンウオールとその西にあるシリー島に対して、観光に関する環境を改善するための資金援助していること、そしてこの宿泊施設もその恩恵を受けていることが示されています。

　ここに登場したDefraとはDepartment of Environment, Food & Rural Affairsの頭文字で、環境・食料・地域開発とそれらの管理を司る省のことです。農村地帯の環境保全と経

AONBの標識

民宿で見かけた看板

済の活性化をその使命としています。実は前出のAONBの指定を実際にしたのはこの機関でした。しかし現在では省庁からある程度独立した公共団体であるEnglish Natureという組織がこの指定を担当しています。English Natureはフットパス周辺の環境保全と改善に関して、主要な機関であると言えるでしょう。後にその具体例を示します。

制度導入から半世紀

　AONBの制度が始まってから、後数年で50年目を迎えます。1965年にウエールズのガウワー半島が指定の第1号となり、コッツウオルズは23番目に指定を受けました。AONBの大きさは様々ですが、一番大きなものがコッツウオルズ地方であり、2,038平方キロメートルの面積となっています。これは琵琶湖の約3倍の大きさです。この地域は複数の州にまたがっているため、1つの州の行政機関ではその管理ができないため、2004年にはCotswolds Conservation Board（コッツウオルズ保全委員会）という、行政区分を越えた組織が作られ、AONBの管理運営を行っています。この委員会は37名の委員で構成されていますが、日本フットパス協会が4年前（2009年）に東京で設立された時に、基調講演のために来日されたジョー・バーゴン氏もその委員の一人です。この地域の環境の保護と改善、そして人々が利用しやすい環境を整えることが主な任務となっていますが、これはデリケートで難しい仕事です。

　164キロあるコッツウオルド・ウエイを歩いてみるとよく分かりますが、その大部分は個人が所有する畑、牧場、林などを通過するのです。コッツウオルズAONBの大部分は私有地なのです。自分の畑の中を通過するフットパスを快く思わない地主もいる訳です。この地域の環境を維持して行くためには、ここで大地を利用して生活している人々の協力がなければ、それは不可能だということです。彼らはここで生計を立てている訳ですから、環境改善を考えるとき、農業や畜産の経済状態の向上と両立するような考慮が必要なのです。

　コッツウオルズ地方を散策したり、環境に関するボランティア活動をしたりする人々に役立つ情報を提供するものに、この地域で発行されている『コッツウオルド・ライオン』という無料の新聞があります。タブロイド版サイズの16ページの新聞で、年2回発行され、4ページを割いてフットパス散策やナショ

ナルトラストの管理する施設訪問などの行事を半年ごとに紹介しています。3年前の4月にコッツウオルズを訪れた時に春・夏版を一部入手しました。この新聞に、ある牧場主が、自らの牧場の運営を通してコッツウオルズにおいて生物の多様性を回復させているという興味深い記事がありましたので、ここで紹介します。

　牧場主のイアン・ボイドさんはウイッティングトンという村に100ヘクタールの牧場を持ち、ここで純血種のヘレフォードというという肉牛を60頭飼っています。一年中屋外で飼い、牧草、干し草を食べさせています。飼料を食べていないので、遺伝子組み換えのえさが与えられる心配もなく、安上がりです。牛の肉は牧場でドライ・エージド・ビーフに加工され、この牧場で販売しています。屠殺だけを外部の組織に依頼しています。現在日本でも、「六次産業」が、最高の付加価値を与える方法として注目されるようになっていますが、こちらでは何年も前からこのような取り組みがなされているのです。

　コッツウオルズの草原の下には石灰岩が横たわっており、これが土地を肥えたものにしているようで、この草原は「Limestone Grassland（石灰岩草原）」と呼ばれ、その特徴が認識されています。

　また古くから放牧を行っているところでは野生の花々が咲いているので、「ワイルドフラワー・メドウ（野の花牧草地）」と呼ばれています。牛などの家畜が花を避けて草を食べるのでこのようなことが起こるのでしょう。1930年代にはこのような草原がこの地域の40％もあったのに、現在では1.5％（3,000ヘクタール）にまで減少しているというのです。これはさらに野鳥の減少も引き起こしています。

　Defra（環境・食料・地域開発と管理を司る省）は2020年までに、このトレンドを逆転させ、野鳥の数を増やすための計画「Cotswold Farmland Bird Project」（農地において野鳥を増やすプロジェクト）を立ち上げましたが、現在では前出のEnglish Natureが、Defraに代わってこの企画を推進しています。またEnglish Natureは、持続可能な牧場・農場運営を行い、生物の多様性を回復するために、Environmental Stewardship（生息環境管理プログラム）というプログラムにも資金援助しています。

　コッツウオルズにおいて牧場主のボイド氏は食物連鎖の頂点で生業を営んで

いる訳ですが、この食物連鎖を下支えしているのが多様な植物と昆虫であるという理解を持っています。この理解から、ボイド氏はFarmland Bird Project（農地で野鳥の数を増やすプロジェクト）と「生息環境管理プログラム」の両方を受け入れています。野鳥を増やすプロジェクトを受け入れると、王立愛鳥協会、コッツウオルド保全委員会、そしてEnglish Natureから支援とアドバイスを受けることができるようになります。アドバイザーの助言を受けて「生息環境管理プログラム」を進めたところ、牧草地には、野生の花ではホソバウンラン、桔梗草と6種類のラン、そして種をつける植物が多くなり、昆虫も増えました。すると今度はホオジロ、タゲリ、ヤマウズラなどの野鳥が訪れるようになり、このほかイモリやキクガラシコウモリも見られるようになりました。

地域の人がマーケットに出店

　アメリカではバイオ燃料にするためにトウモロコシなどの作付け面積が大幅に増え、膨大な面積の自然環境保全地域が農地に変えられてしまいました。昔ながらの自生していた植物、特にトウワタという植物が激減しているそうです。毎年11月の始めに、何百万羽もの大群でアメリカからメキシコ中部へ渡りをするオオカバマダラという蝶の幼虫にはこのトウワタは不可欠で、この渡りをする蝶は絶滅が心配されるほど激減しています。このような生息域の減少は野生のハチの激減にもつながっています。

　Environmental Stewardshipプログラムは、農家に受け入れられ安くするた

め、Entry Level（入門レベル）とHigher Level（より高いレベル）のものが用意されています。ボイド氏の場合には入門から入って、2年前に高等レベルに移行しました。さらにOrganic Entry Level（オーガニックな運営入門レベル）も用意されているのです。このような環境改善は、フットパス周辺の環境改善でもあるわけです。フットパスの運動は、地域の環境をより健全にし、地域の経済に貢献し、人々をより健康にし、郷土愛を深めるために有効な手段となることができると考えています。

　3年前の4月にコッツウオルズを訪れた時、土曜日の朝を選んでサイレンセスターという町を訪れました。隔週の土曜日にファーマーズ・マーケットが教会の横の駐車場で開かれるからです。このファーマーズ・マーケットに屋台を出すことができるのは、その場所から半径30マイル（48キロ）の範囲で農業や酪農に携わる人々だけで、実際に自分で作ったものしか売ることができません。中間業者が農家の代わりに売ることも駄目です。Tetbury（テットベリー）という村の近くにあるチャールズ皇太子の経営する農場の露店も出店していました。地域の生産者が地域の人々に販売することができるので、お金が地域で回り、新鮮なものが手に入り、生産者の顔をみることができるよい機会となります。ファーマーズマーケットと同時にクラフトマーケットも開かれており、そこでは地域の工芸家達が自分の作品を直接販売する貴重な機会となっています。町によっては、さらに家庭で不要になったものを売るマーケットを開いたり、自転車やラジオなどの修理店を同時に出しているところもあります。グローバル化が進んだ現代、都会では世界の有名ブランドの店、チーン店や大型店が幅をきかせていますが、このような経済は地域の人々の経済活動を圧迫し、地域を均一化しています。これに対抗する手段として地域の生産者や芸術家が地域の人々に行う経済活動は地域に活気を与えます。フットパス歩きがこのような機会と出会うことができれば、ここを訪れる人々がより深くその地域と触れ合う機会を得、より持続可能な生活を考える機会にもなります。

　フットパスは持続的な社会を創りだす間接的なよい手段でもあると考えています。

　（寄稿了）

第3章

フットパスのノウハウ

フットパスの公式

　ここから第3章として、フットパスが活性化をもたらすためのノウハウをお伝えしたい。

　ノウハウというのはわかってみると得てして「えっ、こんなことが？」と思われるもののようである。コロンブスの卵のようなものである。私たちも「こんな子供だましのような方法で」と逡巡しながらフットパスまつりを1回1回重ねて、フットパスが思いがけない手近なところで、まちづくりに貢献できることを知った。驚いたことにフットパスは、地方自治の原点とも言うべき要素をすべて持っていた。

　フットパスでは、どのようにまちづくりを始めたらいいかわからないときにとりあえずフットパスをつくれば、またそのときに以下のような簡単なノウハウさえクリアすれば、どんな地域においてもまちづくりを成功させることができると信じている。私たちはこれをフットパスの公式と呼ぶ。公式をあてはめれば、貴方の周りは素晴らしい魅力に溢れ、貴方の地域はそこにしかない特別な所だとわかっていただけるであろう。

いいみちをつくる

　フットパスによるまちづくりを成功させる最大の秘訣は、いいみちがつくれるかどうかにかかっている。いいフットパスは都市住民を地域にリピーターとして呼び込むことができるからである。まず第1にいいみちをつくるためのノウハウからお伝えしたい。

★心に残る景色を先に。名所旧跡は後から副ルートに★

　いいみちをつくるまず第1番のノウハウは、これまでの観光のように、神社、仏閣、名勝など名所旧跡を繋いでコースをつくることをしないで、その代わりに、心象風景のような心に残る景観を繋いでコースにすることが第1で、最大のノウハウである。

　観光のように名所旧跡を点的に繋いだコースは、一度訪れればそれで満足してしまうことが多く、名所自体の印象も心の奥にはとどまらない。しかし、い

い風景を繋いだコースは、歩く過程が心地よく誰にでも受け入れられる。子供のころにみたような原風景や心に焼きついた心象風景は、人の心を掴んで離さない。春にあの花を見たが秋はどうなっているだろうか、いや、自然は１週間で趣が変わってしまうので、一度気に入ったコースは月に何度も行ってしまう。そして、その地域の魅力に惹き込まれ、ファンとなり、ついにはその土地に住みついてしまう人も多いだろう。町田の例で言えば、フットパスのリピーター率は80％を超えることがわかっている。

では名所旧跡はどうするか？フットパスでは、まず景観的にいいみちを繋いでメインルートとしてから、ルートから漏れる近くの名所を副ルートとして取り込む。すると名所旧跡も、観光として訪れるよりも、周囲の景観や歴史とあいまって印象の強い新鮮な体験として忘れられない旅になる。

まだ日本では十分理解が進んでいないが"景観"というのは本当に大きな力があることを私たちは痛感している。不思議なことに小野路などの里山の風景は里山に育ったことがない人や、外国人でさえも魅了する。人間の生物としてのDNAが記憶している景色なのかもしれない。

さらにもう１つの理由で、このノウハウは大変重要である。それは、その地域のいいみちを探していくと、自然にその地域の本物の"うり"がわかってくることである。これまでの観光では、まつりとかグルメなどと言うようにテーマ別にその地域の特性を探していたと思うが、それではその地域全体の魅力は浮かんでこない。フットパスを歩くとその地域の玉虫色に光る自然・歴史・文化が浮き彫りに見え、肌でその地域にしかない魅力を知ることができるのである。例をあげれば山形県長井市と川西町は隣町だが、それぞれに全く異なった歴史と文化がある。長井市は

谷戸は記憶の奥の"ふるさと"

最上川舟運によって発展した「みずは」の小道が走る商家町、かたや川西町は英国女性旅行家にアルカディア（理想的田園）と賞賛された米沢街道沿いの古い町というふうに、こんなにも違うんだということが、フットパスを歩いてみるとしみじみと体で感じるのである。

また、いいみちをほのぼの歩いているときに、地元の人と出会って何気なく交わした言葉は、さらにこの地域の深い想い出をつくる。本当の意味のおもてなしは、「さあ、いらっしゃい」と土産物屋で待ち構えるようなものではないと思う。通りすがりに姉さんかぶりをしたお母さんに道を聞いたら「東京からわざわざ来たのー」と喜んでもらえたり、思いがけない御振舞をしていただいたり、そんな地元の人々との触れ合いの１コマ１コマが、ファンをつくり、みやげ物を持ってまた地元を訪れるリピータをつくるのだ。

「Youは何しに日本へ？」というテレビ番組がある。成田空港で取材スタッフが外国人を待ち構え、訪日の目的を聞いていくものであるが、その多くがなにげない日常の日本、特に観光ガイドにないような地方、そしてより深い人間の結びつきを体験するために来ていることに驚かされる。フットパスの世界が求められているのだ。

★自分で選ぶ★

いいみちは、本当に地域を愛しフットパスをつくろうという情熱のある地元の方たちが、自分たちで探し出すことが重要である。よくコースづくりをコンサルタントにまかせてしまうケースがあるが、これは、フットパスの最大の効果を自ら省いてしまうようなものである。

フットパスによる活性化を考える場合、この過程、つまり新住民、旧住民、自治体、商工会議所、外部ファンなどさまざまな立場の人が多くの視点を伴って一緒に歩いてみることが、後でまちづくりへのコンセンサスやプラットフォームをつくる原点となるので大変重要である。一緒に歩きながら、今まで気付かなかった地元資源を発見して共に感動したり、地元の生産者の方に話を聞いたり招き入れたりしているうちに、地域に対する深い愛情と共に連帯感が生まれてくる。そして後々まで皆の中に楽しい思い出となって、まちづくりのプラットフォームが知らず知らずのうちにできあがっていくのである。あとのまち

づくりはスムーズに運ぶこととなるのである。
　私たちは東京農大の麻生先生のご指導のもとに「すきなみち調査」と称して、町田市の職員や地元の方たちと一緒に、2,500分の1の地図をもって何度もいいみちを探し、地図上に書き込んで決めていった。また農家の中で御振舞を作ってくださるところやトイレを貸してくださるところなど、少しずつ地元の方のご協力も得ていった。これが町田のまちづくりを成功させたと思う。今でも地元と新住民、そして行政が仲良くまちづくりを行っている。山中湖村の東京大学富士癒しの森研究所の齋藤先生は、山中湖村を4つの地区に分けて、それぞれの地域のめぼしい住民の方たちをワークショップに招き、その地域のよさそうなみちをそれぞれの地図の上に落としてもらったり、その地域の方々から昔からある伝統や歴史などを聞き取ったりもされた。結果、ヨーロッパのリゾート地のような山中湖村に、古くからの伝統を残す長池地域がまだ宝物のように残っていることがわかった。その後、マッピングパーティが開催されて、ワークショップなどで話題となったみちを実際に皆で歩きながら、GPSで地点を記録して、最後に地域の御振舞をいただきながら皆でその日に歩いたところを再度確かめあったという報告をいただいた。
　また、ときどきフットパスの地域がお互いのフットパスを視察し合うことによってセンスを磨くこともできる。最初は「いまいちだな」と内心思っていたコースが数年経つと素晴らしいフットパス・コースに生まれ変わっていることも多い。
　貴方の選ばれたみちはいいみちであると自信を持とう。いいと思われるみちは誰にとってもいいみちなのである。自信をもって地域の方が「すきなみち」を選ばれればいいフットパスができる。自信を持ってコースを選び、自信を持ってご案内しよう。

★歴史や自然など1つのテーマに偏らない★
　私たちはフットパスまつりを町田市の広報に載せるときには「多摩丘陵フットパスまつり――自然・歴史・食・地元丸ごと体験」と銘打つ。フットパスはその地域がどんなまちなのか、景色、文化、歴史、生活すべてを体で感じとることである。歴史だけでも、自然だけでも、観光だけでもない。フットパス・

ウォークの第一人者である松本清さんは、フットパスはテーマのない歩きであると言われる。ただあるのは、いろいろな出会い、発見、感動である。

　私たちは過去20年以上にわたってさまざまなウォークを行ってきた。自然観察会、歴史ガイドウォークなど、いろいろ試行錯誤して得られた結論は、心に残る景観のいいみちを歩くこと、つまりフットパスがもっとも幅広くどんな嗜好の方にも受け入れられやすく、リピーターをつくることができるということである。一見歴史ウォークや自然観察会などは人集めできそうに思えたが、最終的に好きな人だけが残ったり、少人数になったりしてしまった。またガイドさんがつくときにはいいが、説明なしで1人ではなかなか同じコースを歩くことは難しくリピーターにはなりにくい。根本的にフットパスは人数に関係なく何度来ても、いつ来ても、人それぞれに楽しめるコースでなくてはならないのである。

　またあまりマニアックで押し付けがましい自然や歴史の解説やガイドはかえって邪魔になることもある。エコネットワークの小川先生も押し付けがましいガイドによって、次から参加者が減ることがあると言われている。聞かれれば答えられるという程度を目安にあまり押し付けない解説で、全体的にその地域の姿が浮き彫りになるようにお話をしてあげることで十分であると思う。特に、地元の方の解説は喜ばれる。

　フットパスでも歴史は大変重要な要素である。その地域の知られざる歴史を1つひとつ紐解くうちに、現在の自分たちの姿が浮き彫りになっていく過程は、フットパスの大きな魅力である。しかしフットパス・コースをつくるときに、どのように歴史を取り入れるかは、実は大変難しい問題である。歴史ウォークは人気があり、観光としてもガイドさんがついて歴史的旧跡を回るのは手っ取り早い。しかし、まちづくりの観点からすると、歴史ウォークも限界があるように思える。このお客がリピーターになるのか、しかも、まちづくりのムーブメントが起きるほどの原動力になるのかという点になると、普通の歴史ウォークでは難しい。

　フットパスもよく知り、まちづくりも手掛けている歴史家の第一人者で古街道研究家の宮田太郎先生は歴史フットパスというウォークを主催されている。若手の研究者であるがガチガチの研究者ではなく歴史を身近なものなかに捕

らえるので、先生のウォークは、どんな小さなまちにも歴史があちこちに息づいていて、大きな歴史のうねりの一筋に確実に繋がっていることが実感できるのである。宮田先生の歴史フットパスによって自分の地域の歴史的な誇りに目覚め、まちづくりを開始するにいたったところも多い。

宮田太郎先生

　私たちは歴史を取り入れたフットパス・コースをつくるときには、まず松本さんと景観コースをつくり、同時に同じ地域を宮田先生にも一緒に歩いていただいて歴史古道のコースを併設している。景観コースでは、眺望のいい尾根筋のみちや雰囲気のある路地を選ぶことが多いが、このコースが、歴史上、「いざ鎌倉！」と鎌倉を目指した尾根道や谷筋と重なっていることを知り、あらためて人間の考えることはいつの世も同じだと感じることもある。

★土の道★

　土のみちだけでウォーキング・コースをつくるのは、登山コースでもない限り日本では大変難しいことである。しかし、九州で人気のあるオルレでは、オルレの認可を取得するのに、土の道であることが絶対条件になっている。それほど、土のみちが歩く者にとって重要であるということを示している。土のみちや枯葉のみちなどはいくら歩いても疲れない。舗装道路はすぐに膝に負担がくる。

　コースをつくるときには、なるべく足に快適なみちを選ぶことがいいみちの条件である。土のみちに連なる景観は緑地が多いので足ばかりでなく精神的にも効果は大きい。

　具体的に言えば、土のみち、山、谷、路地、緑、水辺、古いみち、自然公園、緑陰や街路樹のあるみち、などを優先的に選ぶ。舗装＝悪い景観というわけではないが、舗装のみちは長時間歩いていると足腰が痛くなるので、私たちはできるだけ足に快い土のみちを優先的に選んでいる。土のみちや緑のにおい

が快よくいくら歩いても疲れない。田舎なのに小さな路地や墓道まで舗装されているとがっかりする。

　せっかく公園の中にありながら整備されすぎてしまったみちも台無しである。大きな公園は整備された中側よりもかえって外側にフットパスに適した景観や山道などが残っていることが多いので穴場である。大きな川沿いのみちで舗装されている上に防災のためといって沿道の樹木も切り倒されたりしているところは、夏の暑いときなど辛い。

町田尾根緑道の土の道

　舗装しなくとも雑草を適度にはやしておくと土道も侵食を受けないし舗装の経費もかからずいい景観も得られる。舗装道路は工夫次第で簡単に土道に戻る。雑草をはやした元のようなみちに戻したら魅力が倍増することであろう。

　住宅街は根本的にはできるだけ避けるが、全く通らずにいけるコースは少ないし、案外おもしろい集落や街路もあるので条件の中でなるべく質の高いもの探す。山奥の場合には、素晴らしい村落を形成していてフットパスにうってつけのところもある。6月に霧にけぶる奥多摩の消えゆこうとする50人ほどの集落を歩くと、本当に貴重な遺産であることを痛感する。

★楽しくなきゃフットパスじゃない！★

　フットパスがまちづくりで成功する理由の1つは、楽しさのうちにまちづくりが進むことにある。

　なぜフットパスにこんなにも期待できるのかといえば、フットパスには無理なこと、我慢することが1つもなく、いいみちを探したりマップをつくったり、楽しさのうちに事業が進むからにほかならない。その楽しさは心の底から湧き出る知的な喜びである。その楽しさが人から人へ伝染する。ちょうどコンピュータゲームの持つ面白さとは真正面から対峙する高度なレクリエーションなのである。最初は半信半疑であっても一旦歩いてみると熱病にかかったようにフットパスの素晴らしさが伝わっていく。

甲州市の政策秘書課の中村さん（当時）は「最初はただ歩くだけと聞いていたので何が楽しいかわからなかった。でも、皆でコースづくりにあちこち歩いているうちに、自分のまちはいいところがあるなあとすっかりはまってしまった。マップをつくるのも楽しかったが、イベントのときに勝沼駅に集合しておられるお客さんたちが皆そのマップを広げてコースを勉強しておられるのは壮観で、主催者として本当に嬉しかった。フットパスはあちこちで感動が繋がる素晴らしいものだ」と熱っぽく語ってくださった。

　フットパスの楽しさはある意味で優れた芸術に出会ったときに似ている。音楽なり絵画なりいいものを見たり聞いたりすると、現実には幾多の苦悩に身動きがとれなくなっていても「これに出会えてよかった。明日からまたがんばれる」と思う。これこそ芸術が戦火や災害を乗り越えて今日まで伝えられ、人類を励まし続けてきた理由だと思うが、フットパスにもこれに匹敵する魅力がある。コースを歩き通したときに多くの方から「ああ、いいコースだったなあ。また来たいなあ。そのために明日からまたがんばろう」というコースにするセンスなのである。そのためにはコース中の10分間にこだわる。たった10分間つまらないみちが続くとそのコース全体の印象が悪くなってしまう。この10分間のために何度も下見を行い、一番いいコースを探すのだが、予想外の素晴らしいみちがみつかるのもこういう時である。コースをご案内した後「よかった

フットパスは楽しくなくっちゃ！

あ」と言っていただけると、フットパスをやっててよかったと思う。

　またフットパスの楽しさはちょうどNHKの「ブラタモリ」に似た楽しさかもしれない。「ブラタモリ」がおもしろいのは、ただ観光的に寺社やグルメを訪れるのではなく、地域の地形や歴史を探りながら現在の地域や自分の存在を立体的に解き明かしていく、その高尚な快感にあるのではないだろうか。ここが観光とフットパスの違いかもしれない。観光は物欲的な快感であるのに対し、フットパスは精神的な快感に浸ることができる。対極的な快感であるが人間には双方必要なのであろう。経済を主体に考える観光では払った代価に対してサービスや食事がいい悪いという直接的な評価になるが、フットパスでは経済以上のものを目標としているので、その地域に来る人も迎え入れる人も打算ではない楽しみを得られる。フットパスによってできた人間関係は、人間の一番きれいな部分の付き合いとなり深く長く続くことが多い。したがってフットパスは報酬を考えずとも自発的に人々が動き出し活性化し自分たちでまちをつくっていく。本当の意味の地方自治がここにあるといつも思う。

★最先端を行く文化★
　フットパスは今の時代の最先端を行く文化だといえよう。グルメにも海外旅行にも観光にも飽きた目の高い人たちが求める価値である。この文化は都会から田舎に流れる。あえて都会、田舎という言葉を使わせていただいたが、民度においてという意味である。

　都会ほど人は歩く。新宿やニューヨークでは多くの人が、ビルの間を歩いたり自転車で移動している。田舎ではちょっとした近いところに用を足すのでも車を使い、歩かない。

　バブル経済崩壊を経て日本人の価値観も成熟した。フットパスは成熟社会の価値観を象徴するものである。イギリスでなぜフットパスが発達したか。世界で最も早く工業化が起こり、最も早く成熟社会に達したからであると思う。

　脱工業化の社会で、人はまた歩き始めるのだと思う。

いいマップをつくる
　コースの次に重要なのはいいマップをつくることである。マップはフットパ

第3章　フットパスのノウハウ

ス・コースを歩く必需品であるばかりでなく、魅力的なマップは広報の源ともなる。地域の情報発信の源となり、最高の宣伝媒体となる。私たちの経験では、フットパスに興味を持たれる自治体や団体からはまずマップの注文があった。ご自分の地域のマップをつくる参考にされたりしているようだ。マスコミからも、真っ先に問い合わせがあるのがマップであった。

　またファンの獲得にもマップの効果は絶大である。「みどりのゆび」の毎月の定例のウォークの１回の参加者は、たかだか20〜30人である。フットパス・ウォークは本来あまり大勢で歩くものではないからだ。また、会員数は出入りがあるがだいたい140名である。

　しかし私たちの４種類の「フットパス・マップ」は発売以来今までに３万冊は売れている。雑誌BE-PALの鹿熊勤さんが「BE-PALだってこんなに１つの地域で売るのは大変だよ。地域としてはベストセラーだよ」とおっしゃってくださったほどである。町田を中心とした一部の本屋さんにおいていただいているが、種類が増えるたびに本屋さんにも喜んでいただいている。また小野路ではこのマップを片手に歩いている若いカップルにみちを聞かれることもある。私たちはこの３万人の方々もファンであると感じている。

★正確な地図★

　マップでまず何よりも大事なことは、正確な地図に基づいた正確なマップをつくることである。デフォルメしたイラストマップは正確でなく大変わかりにくい。

　フットパスを歩く時は、１人や数人でウォークを楽しむのが基本なので、迷ってしまったときにも自分でみちを見つけられるような地図でなくては意味がない。

　できる限り行政の都市計画地図や、市販の住宅地図のような2,500分の１のきちんとした地図を基に作成する。昔は自治体の都市計画課などにお願いしてコピーしていたが、今は自治体が2,500分の１の地図を販売しているところが多い。情報量が多く、必要な地図だとどこでも認められるようになったのであろう。2,500分の１の地図を見ると、フットパスに適した小さなみちが全部網羅されているのでいいみちを見つけやすい。利用者が迷っても自分で探して歩

くことができる。里山や山地では、高圧線の鉄塔や線の位置が重要な道しるべとなる。住宅地では地図上の住宅の配置の仕方からその住宅地の開発や環境のことも推し量れる。

　松本さんによると2,500分の1の地図を見ただけで、以下のようなことがすべて読み取れるという。

- 等高線で表示されているところは、里山環境の基本ともいえる旧来からの地形である可能性が高く、みち探しの目安にしやすい。
- 詳細な土地利用が表現されているため、その土地の雰囲気がイメージできる。自分なりに着色して色分けすると理解しやすい。
- 道幅が正確に表現されているため、歩くにふさわしい心地よいみちを探すヒントになる。
- みちの曲線の具合やつながり、社寺の存在などから、古くからのみちの可能性が読み取れる。
- 屋敷地の広さ、建屋の配置、大きさなどから屋敷の古さが読み取れる。屋敷地が広くなくても、空間にゆとりのある家が何軒か連なっていたり、地形によって家屋の向きが必ずしも一定でない場合などは古くから住み着いている家である可能性が高い。
- 河川の曲がり具合、川沿いの崖地や人工護岸などの様子から、川の環境が想像できる。

　私たちの地図には俯瞰図がついているが、その美しさの中にも地図としての正確さが維持されている。よく見ると俯瞰図の中に実際には気付かないが地図にある小さなみちまで描いてある。俯瞰図を描いてくださった加藤隆昭さんが地図を精査し何度も現地を訪れて描いてくださったからこそ、絵であっても自分の位置がはっきりとわかる精度があるのである。

　1人でも迷わず歩ける地図というだけでなく、成熟社会では情報量の多い地図、知的水準の高い地図が求められる。GPSとの相乗りも間近であろう。

★地図としての楽しさと専門性★

　次に大事なことは、地図としての楽しみが感じられるマップにすることである。同じ地域を扱った同じような地図はあっても満足度が違う。

　私たちのマップは、多くの方から「こういうマップが欲しかった。こういうのを待ち望んでいた」と言われる。枕元に置いて毎晩寝る前にこのマップの世界をイメージで歩きながら楽しまれるとお手紙をいただいたこともある。日本には今までなかった知的な地図の楽しみ方がこの地図ではできるのである。

　ヨーロッパでは、旅のおみやげに地図、というほど地図は楽しまれ、親しまれている。東京農大の麻生先生と松本さんは地図学ともいうべき地図の見方の専門家であり、私たちに地図の楽しさを教え、私たちの選んだコースを専門化の目でチェックしてくださった。イギリスやヨーロッパの優秀な地図もたくさん見せてくださった。この視点をもって私たちは、緑や丘陵の中ばかりでなく開発された都市部にも楽しい路地や里道を見つけて、町田を基点とした35の公

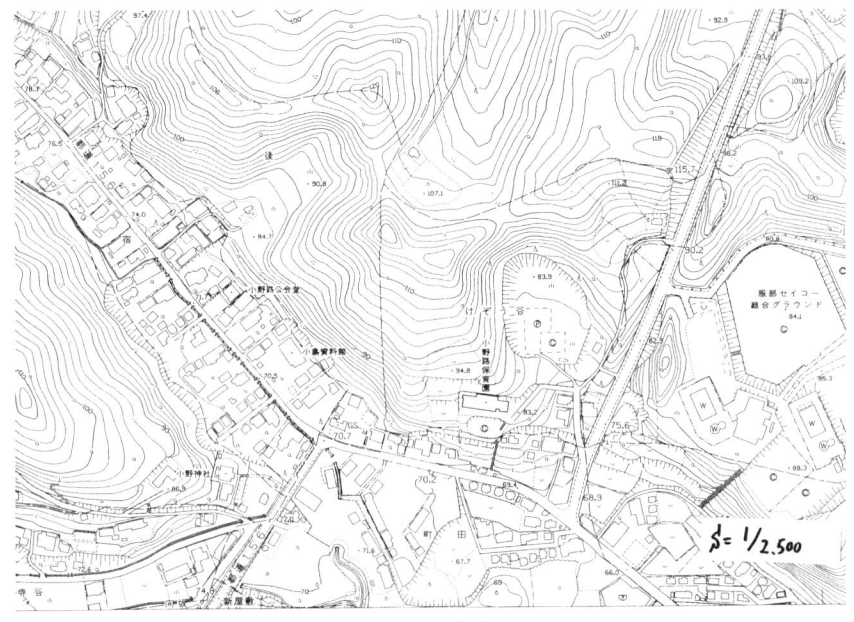

1/2,500の地形図

式コースをつくった。ビューポイントという概念もこのとき取り入れられたもので私たちのマップが公表されて以来、日本の地図にはビューポイントを扱っているものが増えている。

　私たちの幸運は、このお２人と出会えたことと、誰もが描けるわけではない俯瞰図を、コース周辺も含めてつぶさに歩き込み、木々の１本１本、住宅の１軒１軒を見て正確かつ情緒豊かに描いてくださった加藤隆昭さんに出会えたことである

　コースを2,500分の１の地図を持って歩くことがあるが、とても好評である。地図は読める人が読むと位置関係のみならず、驚くほど多くの情報を私たちに伝えてくれる。私たちのフットパスマップの編集をしてくださっている松本さんに講師をお願いしたウォークは2,500分の１の地図を片手に深い知的な喜びに溢れた歩きとなった。

　あなたがいい目をお持ちならば、あなたの情熱に協力してくださる素晴らしい専門家と画家をあなたのまちでも必ず発見されると思う。まちの皆さんにいい目があれば、コースもマップも自分の力でできるのである。

★無償配布せずに、少しでもいいので価格をつけて販売する★

　いいマップであれば活動の資金源にもなる。

　皆さんがつくられたフットパス・マップは決して無料で配布せず、小額でもいいので必ず販売していただきたい。無料で配布すると本当に必要でない人のところにまでマップがわたりその結果捨てられてしまったりする。欲しい人に欲しいマップが行きわたり、マップを大切にしてもらえるためには是非販売して欲しい。

　そのためにはマップを精度が高くセンスのいいものにしなければならない。私たちのマップがよく売れる理由を考えてみると、今までお話した、正確さ、楽しさ、専

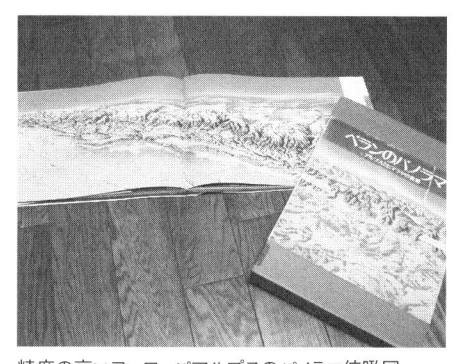

精度の高いヨーロッパアルプスのパノラマ俯瞰図

門性があるからだと思われる。

　私たちの「多摩丘陵フットパス散策ガイド1」は、書店のレジ前に平積みで何千冊も売れる。ほとんど営業や宣伝はしていないが、2002年に発刊してから増刷を重ね、「1」だけで少なくとも1万冊以上は売れたであろう。「マップ2も発刊してほしい」という声が多く、2008年11月に発行にこぎつけたマップ2も発行が知られるやよく売れている。

　内容は、全16ページフルカラー、A4横開きで、6コースを掲載し、見開き2ページを使って1つのコースを紹介している。右ページにルートと現地情報を書き込んだ正確な地形図（2,500分の1を縮小したもの）、左ページにおおむね地形図と同じ範囲でルートを落とした俯瞰図を加えて1つのコースを2本立てで説明してあるが、この2枚を切り離して持っていくことも想定に入れている。俯瞰図は地図読みが苦手な人でもコースがわかるよう、また、コースの景観的な雰囲気がイメージできるように描いている。

　実はこれにはお手本としたマップがある。イギリスの自動車工業会が出版した"カントリーサイド・マップ"である。マップというよりはアトラス（地図帳）という感じで、イギリス全土、約240カ所、1地域1枚で1冊にまとめてある。A4サイズ1枚の表にルートがひかれた俯瞰図、裏にその地域の訪れるべき場所や特色が絵を入れながら解説してある。巻頭にはフットパスで出会う動植物の図鑑と雨用のクリアファイルが一緒に綴じてある。

　旅行者はこのマップを持って車で旅することができる。訪れた地域のパーキングやビジターセンターに駐車し、その地域の分のマップ1枚を取り出して、

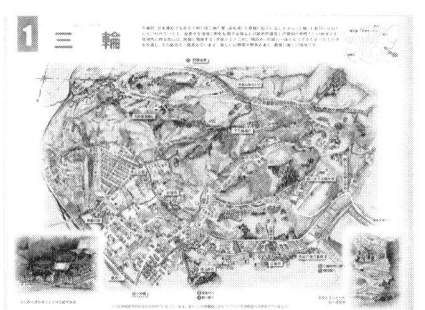

多摩丘陵フットパス散策ガイドマップ

クリアファイルにいれ、そのマップや図鑑と共に半日や1日を歩く。その日はB＆Bなどに宿泊して、次の日はまた次の都市のフットパスを歩くというふうにして、長い休みの間フットパスを縦走するのである。

私たちの「多摩丘陵フットパス散策ガイド」は、四季の植生の繁茂状況によって地形がわからなくなってしまうので、イギリス版のように俯瞰図の上にルートをひいて完成というわけにはいかず、地図と俯瞰図を左右に置いて分かりやすくしている。

さらに町田市からの委託で2009年2月に「まちだフットパスガイドマップ」を、2011年5月に「まちだフットパスガイドマップ2」を制作して、「多摩丘陵」の1、2に「まちだ」の1、2が加わって全部で4冊、35のコースが公式に紹介されることとなった。「まちだ」シリーズは「多摩丘陵」シリーズより少し入門的で左ページに地図、右ページに詳しいコースガイドとコース中の名所や店舗情報、コースエリアにまつわるカコミ記事などを掲載してある。

地図は2,500分の1の地図をベースに衛星写真風に描いたもので、これにコ

英国自動車工業会による「カントリーサイドマップ」

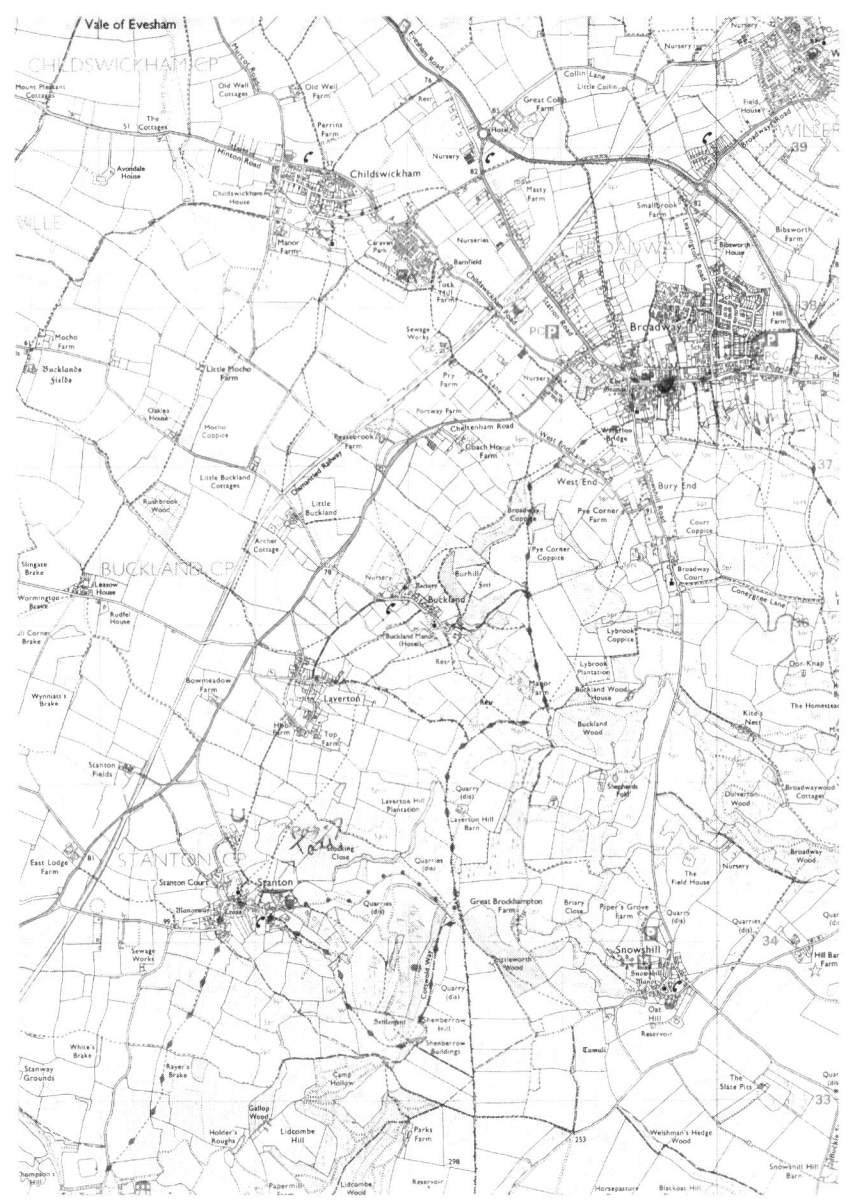

Explorer Map-The Cotswolds-ドングリマークがナショナルトレイル　等高線の他に敷地が黒い線によって描かれわかりやすい

ース情報を加えて正確さを維持している。店舗情報は私たちが自分の足で確かめていいと思ったところだけを載せている。自治体の発行物ではあるが、NPOを介在させることによって店舗の自由な評価ができることになる。協働のいい面であろう。

「多摩丘陵フットパス」の1と2、「まちだフットパスガイドマップ」の1と2の4冊がこれまでに発行されたことになるが、注文があるときにはだいたい4冊を一度にお買い上げくださることが多く、一度いいマップと評価されるとその後の発行物も評判がいいので、是非最初の1冊目をいいマップにしあげていただきたい。

私たちは今後もこのような感性をもったマップを続けてつくっていきたいと願っている。多摩丘陵は地形的な全体像が「いるか」の姿に似ていることから「いるか丘陵」と呼ばれる。「多摩丘陵フットパス1」はいるかの目からのどにかけての6コース、2008年11月に発行した「多摩丘陵フットパス2」では目からくちばしの7コースが追加となって、いるかの口からのどまでできている。

私たちはこの全部を繋げたコースを「多摩丘陵北西部トレイル」と名付け、イギリスのようにフットパスを繋いだトレイルを全国につくっていくことも計画している。

小野路などでは私たちのマップを持った方たちが歩いておられる。今後、あちこちのフットパス・マップを手掛けたり、マップをつくりたいという方にノウハウをお伝えしたり、お手伝いをしていけば、日本の新しい価値つくりの一助となるかもしれない。日本中どこにでもいいところはあると感じていただけるようになり、日本が生まれ変わると信じている。

そのほかの重要なノウハウ

いいみちのつくりかた、いいマップのつくりかた、の次に是非フットパスをつくろうという方には知っておいていただきたいコツをお伝えしたい。少し多くなってしまったが、担当者の方ならば「あっ、なるほど」と共感していただけるものだと思う。

★小さくてもいいので地元のための現金収入獲得策を考える★

　多分、これが私たちが地元とうまく交流ができるようになった基本であったと思う。フットパスを歩くというウォークへの参加者の利益だけでなく、歩かれる地元の利益も同時に考えなければ長続きはできない。このことは地元の生活の保障を考えずに緑を考えることは無責任だとする、保全からスタートした私たちの基本的な姿勢である。「フットパスまつり」というイベントを開催し、歩いていただくと共に地元のお母さんたちに郷土食をつくっていただき、手つくりのゴマや梅干や地粉（地元で取れた小麦）の饅頭などを販売に出していただいたら、農薬も使っていない農家の庭先の産物なので消費者にも喜ばれて大変売れたのである。私たちも最初は実験程度に思いそれほどの効果を期待していなかったが、思いがけない現金収入で予想以上に地元の方に喜んでいただきこちらがびっくりしてしまった。その後も口コミでゴマや味噌などの情報が伝わり、今ではゴマなどは予約しておかないと、その年のゴマは手に入らないほど盛況で、地域のお年よりたちは皆ゴマをつくり始めていて皆さんそれぞれに顧客がついて毎年収入を得て喜ばれている。

　手ごたえがあると早いもので、地元住民はまちづくり協議会を結成し小野路をこの方向で発展させていこうという動きへと移っていった。フットパスまつりは年にせいぜい1、2回のものであるが、これをきっかけに諸々の活動が活発化し、小野路全体が盛り上がっていった。ついには、朝日新聞の「にほんの里」100選に小野路は東京から唯一選ばれてしまった。選考条件として村全体が活性化している地域という基準が謳われているので、選ばれたということは小

東京の女性に人気の根室フットパスのポスター

野路全体の底力が上がっていることが評価されたのであろう。2013年9月には元名主屋敷角屋が、小野路里山交流館として完成し、毎日平均150名ほどの人が訪れている。

朝日新聞創刊130周年・森林文化協会30周年記念
にほんの里100選

■026　小野路（おのじ）　＝　東京都町田市■
新しい入会の発想生む多摩丘陵の歴史環境保全地域とその周辺集落。地元農家の管理組合が都と契約して伝来の農作業を行い新しい入会（いりあい）の姿を築いた。

　ちなみに「にほんの里」100選には北海道の黒松内町も選ばれていて、有名になっている。イギリスのウィンチコムでも3年前からウォーカーズ・ウェルカム・タウン（ウォーキング歓迎宣言町）として、5月中旬の3日間英国全土のみならず全世界からウォーカーが集まり、17コースにわたるガイドウォークや、対象別のパーティなどが行われるフェスティバルが開催され、町中で支援している。これによって、さびれていたまちウィンチコムはみちがえるほど活性化し、フェスティバルの行われない時期にも、多くのウォーカーが集まるようになって、数十軒ある店舗のすべてが活性化したという。

★よいフットパス・コースに気づくのは外部の目★
　外部の目が地域のよさに気づくことが多い。フットパスなどで成功している地域の多くを見ると、活躍しているのは地元だが、その価値に最初に気づくのは都市住民や研究者など外部の目である。外部の目は別に外部の人間だけが持つわけではない。内部にいても外部の目を持っていればいいフットパス・コースができるのである。会津の大内宿も当時学生であった武蔵野美術大学の相沢教授が、45年程前にその価値に気付かれて、今あれほどの賑わいを呼ぶ名所になったと聞く。
　多摩丘陵で一番大きな緑の残る小野路・小山田の方々は最初「まわりが開発されて便利できれいになっているのに自分たちだけこんな田舎に取り残され

第3章　フットパスのノウハウ　151

た」と思われていたそうである。しかし今は里山にいながら30分以内で町田や多摩センターなどの繁華街に出られる最高条件の住まいである、ということに気づかれ、結構満足されているのではないかと思う。

　山梨県北杜市の大泉には、赤松林の風景の中に昔ながらの古民家が点在するコースがあるが、文字通り赤い松葉で絨毯を敷き詰めたような赤松林はヨーロッパ的な趣きがあり、この地域のシンボル的存在である。「ふっとぱすをつくる会」の浅川さんは「何の役にも立

都市では皆少しでも歩きたい

たないと思われてきた赤松林が、フットパスでは生きるんですね。やっぱり中にいてはわからないことですね」とおっしゃっておられた。

　一方、内部の目が大事なこともある。行方市は何気ない里みちが最高のフットパスであるところだが、交通の便が少々悪い。しかし行方市では、つくばからバスを出して集客しフットパスを楽しみ、地元産のお昼やお土産がついて、最後には道の駅で実に豊富な産品をショッピングする楽しい１日コースを、手ごろな価格で提供していて、大変人気があるという。これは内部でなければ思いつかない素晴らしいアイデアだと思う。

★どんなまちにもフットパスはつくれる★

　フットパスはどんな地域でもつくることができる。どんなまちにもちょっとした誰もが心を惹かれる懐かしい景色がある。こういうところをパズルのように繋ぎ合せていくと素晴らしいフットパスができあがる。そのフットパスを歩くと、自分たちの住むまちに素晴らしい資源が残されていたことを改めて知り、「自分のまちがこんなにいいまちだったんだ」と皆さんから愛されるよう

になる。

　特に限界集落といわれるような地方の小さなまちは、景観と自然がとりわけ素晴らしい。フットパスのコースをつくるのには最適ともいえよう。しかし逆に東京のど真ん中にも、大名屋敷や明治の志士の屋敷の跡地の緑や、戦災から残った路地などを繋ぐと一級のフットパスが何本も発見できる。要は見方であり、繋ぎ方である。観光地も、名所旧跡など同じ資源を繋ぐのにも見方、繋ぎ方を変えると集客も違ってくる。

　フットパスは施設もお金もいらない。気軽に始められる。地域の皆さんでいいフットパスをつくり、マップをつくり、イベントを行って、多くの人に歩いていただけるようにさえすれば、自然に皆さんの地域を愛するいろいろな人が集まってきて、皆がまちの将来を考えるようになり、まちが活発になり、さらに素晴らしいまちに成長していくのである。

　フットパスは景観をそのままを活かすことが身上であり、経費がかからないので気軽にやってみよう。たとえ続かなかったとしても何も失うものはない。

★行政と市民の協働が重要★

　フットパスを成功させるには、勢いのある市民が旗を振って推進し、それを行政が支えていく姿勢が必要である。「日本フットパス協会」の会員さんも、たいてい、市民が先に活動を始めて、それを行政が後押ししながら、共に協力していくという形が一般的である。時には行政が率先してフットパスの音頭をとる場合もあるが、こういう自治体にはたいてい活発なNPOがいくつもあったり、意識の高い市民がいたりして、すぐ市民との協働がとれるようになっていることが多い。

　自治体にとってフットパスは、お金はかからないし、自然に地元と新住民が一緒の目的に向かって協働するようになるし、観光資源

過疎の集落はフットパスとしての資源が豊か

第3章　フットパスのノウハウ　153

が蓄積されて観光客も訪れるし、悩み多い農業の再生や産業の活性化も起きるのであるから「誰からか反対されることはない」し、「こんないいことはないよね」と町田市の産業観光課（当時）の小池課長とはよく言われていた。

　行政の担当者にとっても一時的にフットパスの担当をはずれても、NPOなどへ参加することによって、活動を続けることができ、ノウハウも構築されるので、NPOと協働をしていくのは便利であると思う。またNPOは行政ができないお金がからむ営業や販売を行うことができるので、実質的なまちづくりの活動の担い手ともなりうる。NPOをうまく使うことで自治体も積極的に活動できることもあると思われる。

　フットパスは行政と市民との協働ができて初めてスムーズに進むし、うまく協働に結びつけることができるのもフットパスであろう。

　勝沼町でフットパスを成功させている立役者の三森さんは言われる。「今まではなかなか統合の図れなかった地元、市民、行政の人たちが、皆巻き込まれ、気持ちを１つにして同じ方向に一緒に活動し始めたのは本当に凄いことだ。フットパスには魅力ならぬ魔力がある」

　また、ちょっと横道にずれるが、行政と市民の間ばかりでなく、自治体間の広域連携にもフットパスは効果がある。

　自治体間の連携組織をつくるのは難しい。しかしどういうわけかフットパスに係わると、間違いなく職員やNPOの方たち、そして自治体同士は、本当に親しくなっていくのである。フットパス協会設立準備会などで、大中小入り混じってこれまで全く関係のなかった自治体の職員同士が顔を見合わせてお互いのまちを知り、将来の夢を語っていくうちに、次第に長年の知己であるように感じられてきて、いつも和気あいあいと大声で熱のこもった議論となる。またその楽しさを自分のまちに持ち帰って地元でのまちづくりに対して楽しく積極的に関与していくようになられるのを見てきた。その後、お互いのまちの人々が集団で友達関係になっていくのは感慨深いものがある。これこそが、フットパスの魔力なのであろう。

★フットパスは若い人を惹きつけリーダーに育てる★

　フットパスは楽しいので若い人にも人気がある。最近、卒業論文や修士論文

でフットパスをテーマにしてくださる若い研究者も多く、大変頼もしくまた、ありがたく思っている。

北九州市立大学の坂本さんはフットパスをテーマとした卒業論文のコピーを私たちにも提供してくださった。北大の大学院生小原さんはフットパスを研究しているが故郷の駒ヶ根市に帰って、農業をしながらフットパスをつくってまちを豊かにしていこうと考えていらっしゃる。筑波大学前川教授ゼミの大学院生早川さんは北条のまちのNPOに参加されているが、一度外部のコンサルタント企業で経験を積んで、また筑波の地元のためにつくしたいと言われた。農業を求めて私たちと小野路で活動していた若い湯本夫婦は縁あって北杜市に就農地を得て米、野菜の新規就農することになった。町田市の職員羽生さんは地主という立場を活かしながら奥多摩の日の出町の環境を守っていこうと地元の団体とまちづくりに励んでいる。

続々と若きリーダーが誕生するかもしれない。そのまちを愛する人というのがリーダーの基本である。ニューリーダーはリーダーという名を意識せず、気張らず、コツコツと実行していく。私は最近の若い人は私たちの若い時より大人だと思う。私の高校時代、AFS留学した米国でさまざまな国の若い人に会った。その中でドイツ、オーストラリア、北欧などの高校生は同じ歳とは思えないほど冷静沈着で洞察力を持っていた。私たちがどうがんばっても追いつけ

①長井市の青木氏はアメリカ研修帰りの若きNPOリーダー
②いおり君は道標制作のお手伝い

第3章　フットパスのノウハウ　155

ない国の成熟度の違いだった。最近の若い人はこの時のヨーロッパ人高校生と似ている。国家と共に人間も成熟するのだと思う。がんばれ、日本の若い人！

　フットパスの場合、研究者、行政職員、地元の農産業などが最も取り組みやすいと思うが、次に取り組みやすいと思うのは、宿やレストランの経営ではないだろうか。最近は由緒ある古い老舗旅館を若い人々が担っているケースが多い。階段の多い建屋の中を重い食器をもって往来したり、伝統のあるよくふきこまれた廊下をすみずみまで雑巾がけしたり、いいものを残していくのには若い力が必要である。イギリスでも、ヴィクトリア朝の古い建物が好まれているがこれをサポートしているのはよく働く気のいい若いスタッフである。

　若い人が腕を振るうレストランは荒削りかもしれないが、渾身の力を込めた旨さが楽しめるだろう。誰か無名でもセンスのいい若いシェフがその地域の特産物をおいしく食べさせる店をつくれば、これを支援するために、まわりにいい野菜、いい肉、いい米やパンを提供する若い生産者や商店街もできていくだろう。お客の顔が見えるので商店街では、お客の家族構成、好みや収入などに合った商品を用意でき、地域に必要とされる持続可能な店舗になるだろう。

　限界集落のように高齢者しかいない村落では、フットパスによって地域への関心を高めれば、地元の若い人がまちづくりに興味を持つであろうし、若い都市住民が移住して地元と一緒に新しい再生のみちを築くかもしれない。都会から希望する若い人を呼び寄せ、適任者がいればまちづくりの担当者に抜擢することも今後の時代では十分考えられることと思う。

　若い人の就職難の時代。7,900もあるという日本の限界集落すべてに若い人がDASH村をつくり、村の運営を担っていったら、どんなに若者の顔は晴れやかになり、就職率はどれほどアップし、どれほど日本は力のある国になることであろうか。

★フットパスでまちづくりを始めることができる★

　フットパスは歩くことであることから、どうしてもウォーキングのイメージに引っ張られてしまうが、まちづくりを考えるときに何から手をつけていいかわからないとき、何をしていいかわからないときに、とりあえずフットパスを始めてみると次第にまちづくりに移行していくことができる。なぜならフット

パスを始めると、第1章でお話した5つのまちづくりの効果が現れてくるからである。

　まちづくり、さて、何からとりかかろうかというときには、とりあえずフットパスを始めてみてみてください。

★フットパスによって観光を補強することができる★
　観光にとっても、フットパスは大きな助けとなることができる。フットパスは、まだまだ大型観光のオフシーズンの繋ぎとして考えられたり、観光の1つとして、近所を歩く散策コースの名称に使われたりしていることも多いが、本当にフットパスの効用を知って利用していただければ、もっと深いところで貢献できるように思う。

★観光とは似ているようでだいぶ違うフットパス★
　フットパスが観光と一番違うのは、観光が市場経済からの発想であるのに対し、フットパスは地方自治からの発想であることである。フットパスを導入すると、一番肝心な地元自身を活性化することができるようになることである。
　観光は一度訪れれば一回限りのところも多いと思うが、フットパスは、リピーターやファンをつくることができる。観光では地元で落とされたお金が、都市部や一部の企業の利益になってしまうこともあるが、フットパスでは地域全体のまちづくりに還元することができる。
　また観光ではみやげ物を一方的に販売するだけだが、フットパスではファンとなった都市住民が、地元住民が気付かない価値を発見し、商品を企画し、地元住民と商品化のプロセスを共有することができる。これによって、地元住民にも担い手の意識ができてまちが活性化すると同時に、参加した都市住民にもその地域を心のふるさととして愛情を感じ、定着することもある。
　観光は人間の快楽の部分の楽しみ、フットパスは人間の精神的な部分の楽しみである。フットパスの楽しみとは、脳の最も深い部分を刺激されることと言えるかもしれない。
　例えば脳に伝わるメディアとしてテレビはわかりやすいが、視覚や聴覚に強制的に訴えてくるために思考や感動を得にくい。一方、読書や音楽はなかなか

理解しにくいが、いろいろな発見、しかも個人によって異なる発見があり、深い思考や感動を伴う。観光のように建物、グルメ、イベントなどを通じてスポット的に脳の浅いところを刺激するのではなく、フットパスはみちを歩きながら五感をフルに使ってその地域や自分との係わり合いまでをも深く洞察することができ、結果として深い感動を得ることができるのである。

　観光とフットパスと両方堪能できれば満足度の高い旅になろう。

　観光にフットパスの発想を取り入れてみると、今の観光で何が行き詰っているのかが見えてくるであろう。

★自分のまちを自慢し合おう★

　皆様は私が町田をいい町だと褒めすぎだと思われているかもしれない。

　しかし、住民が自分のまちを心から愛し、自慢に思い、手をかけ、自分のまちを見に来てくれと誘い合うことがフットパスの根本理念である。このようなまちが全国にできれば国は豊かになる。これこそが地方自治の原点である。自分のまちを愛すること、自分の森を愛すること。

　「日本フットパス協会」では、会員は自分のまちを一番いいところと自慢していいことになっている。誰でも自分の住んでいるまちはいいところだと思いたいし、それが一番幸せなことである。また、住民がいいと思わないようなところを、外部の誰がいいところと思うであろうか。

　ただし、他の地域を訪れ交流するときには礼儀を忘れない、というより、一生懸命に案内してくださるその地域の方への思いやりを忘れないようにしたい。

　観光ではないので、誠意を持って出来る限りのおもてなしをしてくださるので、例えそれが全部成功でなくともその想いをありがたくいただくことがフットパスの醍醐味であり、観光では味わえない心に残る旅となる所以である。

　この"楽しみ方"の上手なのが北海道のご婦人たちである。町田にきてくださったとき、暑くてあまりおもしろみのない住宅街を通ったときにも彼女たちは個々の垣根の花を北海道と比べながら楽しんでくださった。毎年エコネットの小川氏が率いるイギリス・フットパス・ウォークにも常連なのだが、同行した人が彼女たちの感性の鋭さやみずみずしさに感心しておられた。北海道ではよく全道のフットパスが集まる機会があるが、代表たちは自慢しあいながらも

ライバルという感じは全くなく、お互いのフットパスを尊重し愛しながら大人に楽しんでおられる。
　旅上手もフットパスのノウハウである。

★フットパスでは農業再生は必須★

　フットパスによって地域に活気が出たら、これを根付かせるためにもまずは農業を再生させることがかかせないと思われる。農業の再生は安全な食糧を確保するためにも、自給率を上げるためにも、重要である。
　しかし現在の農業は、機械化して生産量を上げ、全国に流通させるのにも大変な上、なかなか人件費も出せないような過酷な産業である。外国に頼ってしまったら食の安全は守れない。人件費を確保し農家やその後継者に安心して農業を続けてもらうことができるか、市民が安心できる農産物を手に入れることができるか、遊休地を活かして自給率をあげることができるか、という条件を考えていくと、大農産地以外は、農産物を流通させるのではなく、都市住民を呼び寄せ、共につくり、消費する地産地消でないと日本の農業は残らないことになると思う。今後の活性化の基本的単位は地産地消ができる範囲ではないかと思う。
　生産の量は、フットパスなどによって訪れた人が現地で食べることができる、もしくは現地のみやげとして持ち帰るくらいの生産量が一番望ましいと思う。流通体制を整える過程で農村社会は崩壊してしまう。安全面や品質も次第に落ちていく。旨いものは現地で食べるからこそおいしいし、ありがたみがある。
　TPP参加すべきかどうかの議論があるときに、シンポジウムに来ていただいた農水省の担当官とお話をしたことがある。「一番いいのは政府は関税撤廃に参加しても、国民が自分の国の物を買えばいいわけですよね。国としては立場上参加しないわけにいかないんだし、国民が国産のいい物を買おうという意識があれば良い訳ですよね」と申し上げた。すると「その通りなんです。国際的に関税撤廃にいつまでも反対しているわけにもいかない。だから国は自由化しても国民が安い物に流れることなく、国産の価値を認めて買ってくだされればそれが一番いいのです」とおっしゃった。

かつぬま朝市（HPより）

　このためにも、地産地消で、地元と地域市民が自分たちで経済をしっかりまわしていくことが重要であると思う。
　東日本大震災で日本人は皆で協働して国難に立ち向かう絆ができた。何でもできないことはない。今日本人は自分たちできちんと安全な食、自立できる経済を考えながら新しい日本をつくることができると思う。

★一山、一食★
　フットパスにとって食事はコース全体の印象を一変させてしまう最も重要なファクターだと思う。1コースに1山1食、つまりできれば1つのコースに1つの大きなみどころと、1つのおいしい食事があると、満足なコースになると思う。
　フットパスではまず、伝統的に食されてきた郷土の料理を大事にしている。各々の地域の伝統料理はその地域の宝である。きちんと昔から伝えられてきた方法で手間をかけてつくられた料理にかなうものはない。
　地元の米を、地元の湧き水を使って薪で大釜に炊き、炭窯で焼いた甘い塩をよくふってむすんだおにぎりはコシヒカリより旨い。薪の火というものは本当に繊細なもので、一度煮あがったものはそのままにしておくとガスだとドロドロになってしまうが、薪の火だと煮崩れることがない。ひとりでに調節されるのだ。この繊細な火でつくられた旨さが伝統的料理には詰まっている。農薬を使わずに畑で丹精こめてつくった小麦を使った地粉のうどんや饅頭はかみしめた途端に奥深いうまさが伝わる。
　饅頭も非常に繊細な食べ物である。冬には饅頭はできないという。暖かい時ほどにはうまく膨らまないからである。ふかしあがったときに割れてしまうの

だ。饅頭はよくこねた地粉を1つひとつだんごにして平たくし、手のひらに皮をひろげて餡子玉をつつみ、いくつもに重ねたセイロでふかすのである。地粉とふくらし粉のミックスの割合、膨らむ時の気温、餡子玉のつつみ方の具合、薪の火加減、の中で1つでもうまくいかないと割れてしまう。名人はどんな季節でもどこかで調整してきれいな饅頭をつくる。ふかしあがった饅頭をセイロからはずす作業1つにしても、きれいな饅頭をつくるのには、昔から伝えられたコツがある。裏磐梯エコツーリズムの鈴木さんは「今は東北の田舎でも、運動会などはお煮しめのお弁当ではないんですよ。コンビニのオードブルを買ってくるんですよ」とおっしゃっていたが、本当に旨くて安全な食べ物は何百年もの歴史を通して生き残ってきた伝統的な料理なのだ、ということに気がつくのもフットパスなのである。

　しかし、まちづくりを目標にするならば、この郷土食のほかに、さらにもう1つか2つ、おいしい食事処が近隣にあると都市部からの集客に役に立つと思う。食事は、性別、年齢などの対象によって差が大きいものなので、内部ではなかなか客の嗜好がわからないことが多く、外部の目が必要となる。特に懐石やフレンチなど、郷土食と対峙したレストランが、フットパスの近くの観光地などにあると、女性客などが固定してくると思われる。

　食のセンスは重要である。1つの宿でも、朝と晩とで板前さんが違えば全く満足度が変わってしまう。1人の感性のいい料理人を探し出せるかがその地域の勝負であろう。旅館と評判のレストランとで同じ内容の肉料理が出たことがあった。火の入れ方、肉の臭みや脂の処理など、全く違っていて、こんなにも料理人によって差があるのかと驚いた。

　その土地の郷土料理、名物だからといって旅館や料亭でも、みやげ物屋の食堂で出されるものと同じものが出されることがあった。こういう地方はその地方の全体の食のセンス自体が悪いように思えてしまうのである。

　フットパスのおもてなしも同様である。同じ食材で同じように外見は見えていたとしても手を抜いたり気持ちが入らないと味に現れる。毎年恒例の「フットパスまつり」でも、「この間きたときには懐石よりおいしいと思ったんだけど、今回はそれほどではなかったような気がする」と教えていただいてハッとすることがあった。

最後に忘れてならないのは、フットパスでは「田舎のお得感」が大事である。田舎が都会と価格をはりあっても勝負にならない。だからといって外国産の安もので価格を下げるのであれば意味がない。例えばレストランであれば、現地の旨い新鮮な野菜を、いかに上手く食べさせるかという勝負だと思う。懐石などでも高いものが必ずしも旨いとは限らない。高い素材を使って高くなる場合が多いが、いつも家庭で食べている同じ素材が、料理の腕によってこれほど旨くなるのかということが最も人を惹き付ける料理であると思う。舌の肥えたフットパスの客をもてなす料理は是非こうであってほしい。リーズナブルな値段で、真剣勝負した本物の旨いものを出す店があれば、日本中から客が集まるであろう。
　フットパスでは途中通りかかった畑でトマトを分けていただいたり、みちを聞いたら漬物とお茶をご馳走していただいたり、たくまずして人の温かさに触れたり、人と人の気持ちの高みがあわさることが、一番のおもてなしかもしれない。
　食に関しても、フットパスにはセンスとおもいやりが重要なのである。

★宿も大事な要素★

　宿も旅の満足度に関わる非常に重要な役割がある。フットパスであると宿のことはわりあいに軽く考えられがちだが、歩きの旅だからといって安宿でいいということにはならない。なぜならフットパスの一番の顧客層は海外旅行にも飽きたというような目の肥えた人たちだからである。繰り返すようだが、フットパスは田舎旅行ではなく、現在最も先駆的な旅、精神的に洗練された旅なのである。やはりある程度品質は高いほうがいいように思える。
　また宿でどのようにもてなしてくださったかということが大きな鍵のように思われる。フットパス関係で私の印象に残っている宿は、長井市のタスホテルと熊本市の松屋である。
　タスホテルは長井市の商工会議所が運営しているホテルであるが、ホテルとしての品格もあり、"水の郷百選に選ばれたおいしい水をどうぞ"と水差しが部屋に用意されているなど、一手間かけた暖かな感じと、東北の暖かい人柄がフットパス的で感激した。市の職員の赤間さんが最上階のバーからの夜景を前

に、私たちに長井市に対する熱い想いを語ってくださったことが、思い出となっている。

　熊本市の松屋は美里のNPOの濱田さんのご紹介で出会った宿である。もともとは修学旅行用の宿だったが女将さんが一念発起して上質な高級旅館に仕上げられたとのことである。ちょっとした工夫で高級感が演出されていて、経営者の意気込みが感じられた。とにかく女将さんが一生懸命で、時間の限られた私たちの旅を少しでも効果的に回れるように、こちらの希望を全部聞いてくださって、見るべき場所、時間配分、レストラン、など地図に付箋を貼って、アレンジしてくださった。レストランは熊本でおいしいフレンチが食べたいという私たちのリクエストに「橋本」という、私たちにピッタリのレストランを紹介してくださった。こういう対応は何にもまして素晴らしい。「橋本」は経営者のご夫婦の人柄、感性の高い料理、リーズナブルな価格で、東京でも間違いなく大人気になるレストランだった。

★交通は工夫次第★

　フットパスの交通インフラとしては車が最も適していると思われる。イギリスでは車で１つのまちのビジターセンターまで行き、そこからそのまちのフットパスを楽しみ、夜はそのまちのＢ＆Ｂなどで一泊し、次の日には隣のまちのビジターセンターまで行く、というようにして長期休暇を過すことが多い。イギリスでは鉄道が時刻どおりには動かず、運休もしばしばあり非常に不便である。だからこそ車がフットパスへの重要な足なのであるが、日本でも鉄道は高額なので、日本においても車がもっとも現実的かもしれない。今私たちは、イギリスのように車で回れる全国のフットパス・マップ集を作成しようと計画している。

　しかし一方で、優秀な日本の鉄道を活かさないでおくのはもったいない。全国各都市のフットパスを繋ぐことによって、JTBやJR、私鉄、などと全国的に周遊券を組むことができれば、日本の観光もこれまでと視点や客層の違う旅を大幅に改善できるようになると思う。周遊券を組むということは、人情としてはできるだけ遠くに出かけたくなるものである。大勢の人々が遠隔地まで各地のフットパスを楽しむために出かけることとなる。

どんなまちにも素晴らしい景観がある

　長井市などはすでにJRによって「やまがた花回廊キャンペーン」という周遊観光が組まれているが、東北、関東などという地方を越えてなるべくもっと大きな括りで周遊券が組まれるようになることを願っている。
　例えば観光のシーズンオフである２月に、フットパス関連都市を繋いで面白いイベントが組める。長井市には13日頃に「雪灯りまつり」、北限のブナの生息地である黒松内町には22日頃に「かんじきブナウォッチング」という雪関係のイベントがある。長井の古い商家のたたずまいの中を歩く幻想的な「雪灯りまつり」や、黒松内の２メートルの積雪の上からブナの上部に開けられたアカゲラの穴を見る「かんじきブナウォッチング」は、普通では見られない都市住民に、うけるイベントである。ここに、甲州市勝沼でシーズンオフのブドウやワイン農家の協力でワイン付きのバレンタイン・イベントを組むことができれば、２月の周遊券のできあがりである。このように、フットパスを使えばいくらでも各地の自治体間を繋ぐこれまでにない商品ができるのである。
　環境省の「みちのく潮風トレイル」は復興支援を目的として被害はあったけれども素晴らしい海岸コースを繋ぐ日本のナショナル・トレイルである。このトレイルの目的の１つは、これに関わる自治体がこのトレイルにからめて活性

化が図れるということである。このとき、1つ問題になるのが、東北の沿岸地域は、背骨として新幹線が走っており便利なのであるが、そこから沿岸地域に横に走る鉄道の連絡が不便なことである。フットパスとしては、この連絡にバスがフルに活用できるように組むと活性化が進むと思われる。行方市のように、つくば駅からバス・ツアーを組み、フットパスや現地のおもてなしを楽しんでもらった後、道の駅でのショッピングおよび行方の豊富な野菜のおみやげ付きでセットするというアイデアは素晴らしいと思う。

　総務省の牧さんに「茨城県などの距離にあるところはバスで組むとちょうどいいんですよね」と教えていただいたことがある。交通もフットパスの視点から見ると工夫次第である。

★自分のまちだけでなく広い視野で観光圏、商圏を考える★
　フットパスはその地域だけでなく周囲の地域をも豊かにすることができると思う。遠方からの客はフットパスの後、近場の観光地や中堅地方都市を回るにちがいない。
　例えば小野路を例にとれば、帰りに町田の中心街で老舗や仲見世を回ってもいいし、新百合ヶ丘でショッピングも楽しめるし、新宿や横浜などの大都市で用を済ませてもいい。したがって、小野路にフットパスができたことにより小野路を訪れた客が周辺の商業都市の活性化に拍車をかけることになる。
　各地のフットパスでも周辺の観光地や地元が、買い物に出かける都市を含めてコースの繋ぎ先として商圏を考えておくことは活性化へのヒントとなる。長井市の人々は大きな買い物は山形市まで出向くそうである。美里町の消費者は簡単なものは熊本市内、大きな買い物は福岡市までお出かけとのことである。
　魅力的なフットパスができればその影響力が山形県全体や、九州全体にまで効果が広がっていくかもしれない。黒松内なら札幌や小樽、長井なら米沢、山形、甲州市なら東京、北杜市なら八ヶ岳、美里町なら熊本市、阿蘇山などと組み合わせると、フットパスのまちで宿泊や食事の機会が増え資金が落ちていくと思われる。
　このようにフットパスは、近隣の地方都市を魅力的に再建する地方都市再開発のチャンスを生むことにも繋がると考えられる。一地域のフットパスが近隣

の地方都市を都市住民や若い人が魅力を感ずるような都市に変化させていくことができるであろう。東京などに行かずとも満足できるような、新住民の要望やライフスタイルに会った個性的な都市つくりが各地で進むと思われる。大企業や地元企業が、一緒になって新しい商圏を再編成することも考えられる。

　私は町田もそうであると思うのだが、美しい景観や環境を維持しながら民度の高い都市的な感性、リーズナブルな生活という条件を備えた住みやすいまちが日本各地に広がるようになることを期待している。

第4章
フットパスのつくりかた

フットパス・コースをつくってみよう

では実際にフットパス・コースをつくってみよう。

第1段階

全体計画をつくる

　全体計画の進め方としては、まず、ワークショップのような形を取り、以下のように講師を迎えて、フットパスとは何か、目的は何か、どのようにコースをつくるか、などを話していただいてから、皆で作業にとりかかると、スタートしやすい。

　ワークショップの開催などが望めない場合には、自分で簡単にコースをつくってみて、仲間に一緒に歩いてもらったり、それを簡単なマップにして定期的にウォーキングを開催するところから始めると、次第に支援者や環境が整ってくる。

　参考：市民参加による多摩丘陵「すきなみち」調査
　　　　（東京農大麻生教授による）

　■多摩丘陵における歩道ネットワーク計画の意義
　○人々が自然や風景を体験する場の整備
　・地域の魅力にふれあう機会が増え、市民の認識や理解を促す効果が大きい
　○丘陵地の自然・景観保全戦略としての「線」から「面」への展開
　・英国におけるフットパスの歴史
　　　19世紀コモンへの立入り・通行権の主張→自然保護運動へ発展
　　　長距離自然歩道をはじめ多様な歩道ネットワークの整備
　・整備費用負担が小さい（既存ルートの再整備）→行政の協力を得やすい
　・地場産業、地域資源活用型産業の誘発効果が大きい

○市民参加による大都市近郊における初めての歩道ネットワーク
・手づくりによるシンボル化
・身近な環境の活用（レクリエーション空間の整備、健康増進への寄与）
●歩道ネットワーク計画・設計のイメージ
○計画レベル
・マクロな計画：多摩丘陵全体のネットワーク化（目標）
・ミクロな計画：地区レベル、地点レベルの計画（回遊ルート、拠点整備等）
○設計レベル
・施設の整備（展望台、休憩舎、トイレ等）
・沿道の整備ぐ路面整備、植生管理、指導標、案内板等）
○管理運営計画
・市民の手による整備、グランドワーク、
　地権者や企業参加等の仕組みづくり
■今回の調査計画
○調査内容：地区レベルの計画
●現況把握
　資源（ビューポイント、ランドマーク、歴史的文化的資産、公園緑地、貴重な自然、雑木林、まとまった谷戸の景観など）
　制約条件、景観阻害要素（高圧鉄塔、大規模構造物、交通量の多い道路等）
・ルートの想定
　出発点、終舞点、利用拠点
・施設の配置計画
　休憩舎、トイレ、案内板等
・管理運営体制
　市民参加で対応出来ること、情報提供体制
○調査の方法
・4～5人のグループに分かれて行動

・1つの地区を複数のグループで調査、マッピングを行う
・調査終了後、報告会を行い、共通の理解、認識を深める
・代表者によるまとめ（地図化、レポート作成）
〇調査の道具
・地形図（1／2,500、1／3,000、1／5,000、1／10,000）（各人）
・画板
・カメラ（デジタルカメラ、ポラロイド）
・トレーシングペーパー、マーカー（検討会用）
〇スケジュールと場所
　第1回目：10月14日（日）町田市小野路中央地区
・集合：別所バス停、午前10時（錦川駅9時半）
・スケジュール：
　　グループ別調査（10：00～13：00）
　　昼食、検討会（13：00～15：00、於一本杉公園古民家）

　まず、地域全体のフットパス・ネットワークを考えながら、今つくりたい地区のフットパスの起点終点、回遊ルートを見つける。繋げて歩けること、反対にどこからでも戻れることを意識してみちづくりを行う。起点終点は公共交通の駅や停留所など誰でもアクセスできるところが望ましい。欧米では公共機関があまり当てにならないことも多いので、車の利用を中心にフットパスが考えられていることが多いが、日本では公共機関が正確なのでまず公共機関のアクセスを考えるべきだと思う。どうしても車でなければという所ならば駐車場の用意が必要である。

　次にビューポイント、ランドマーク、歴史的文化的資産、公園緑地、貴重な自然、雑木林、まとまった谷戸の景観などをチェックしていく。途中の休憩所、トイレ、案内板などの位置も意識しておく。

　トイレは切実な問題なので、できればトイレが起点終点、そして中に1つあれば大変結構だが、実際にはなかなか難しい。私がお勧めするのは、地元の食事処、店、もしくは農家などに、トイレをお借りすることにして、そのときにお金が落ちるようなしくみをつくることである。環境省も、復興支援ナショナ

ル・トレイル「みちのく潮風トレイル」を整備するにあたってトイレの設置を考えていたが、メインテナンスと一緒にそれを地元の自治体や市民にゆだねることになった。日本ではウォーキングでトイレの問題が重要視されているが、イギリスを初め、外国ではほとんどトイレのことは気にされておらず自然の中ですませるようになっている。

　一番大事なのはコースを選ぶ感性である。皆さんの感性を信じて、のびのびつくっていただければいいと思うが、実際にはご自分が散歩しているお気に入りのみちがあれば、それを繋いでみるのが最初の一歩である。小野路は私たちが好きな地域なのでよく歩きこんであり、いいみちを知ってもいるので、大変楽に最高のコースをいくつもつくることができた。まったく知らないところにフットパスをつくるときにはインターネットのグーグルマップの衛星写真で、緑の多いところや景観のよさそうなところを繋いでラフな仮コースをつくり、その後、実際に何度も歩いてコースを高めていく。

　最初はフットパスをよく知る専門家に、フットパスについてよくポイントを聞きだし、なお一緒に歩いてもらうこともよいと考えられる。「日本フットパス協会」本部やお近くの会員市などに連絡していただければと思う。

フットパス・コースをつくる

　だいたいのコースが定まったらフットパスを推進する関係者や熱心な方々と一緒になって再び実際に歩いてみることである。この過程が最も重要であるし、いろいろな発見が多い。仲間同士でそれを共有し、深め合うことがあとのまちづくりの土台となるため、重要なプロセスである。行政、NPO、地元、商工会議所、などさまざまな立場の参加があったほうが情報の共有化も進むし、連帯感も生まれる。

　ひとりでも情熱と見る目がある方が選べばいいコースができる。私たちがフットパス・コースを最初につくったときは、自分たちの気に入ったコースをだいたいつくっておき、それを東京農大の麻生先生のグループと共に「すきなみち調査」を行いながらマップをつくっていった。

　2,500分の1の都市計画図や住宅地図などの地形図をもって歩くと、情報量が多く、フットパスに適した小さなみちが全部網羅されているので便利であ

る。これは自治体の都市計画課に聞けば必ずある地図である。1万分の1くらいでもみちは拾えるが、2,500分の1だと全部の道路や細かな情報まで読めて専門的である。

　1万分の1をベースに使用する場合は200％拡大コピーし（ただし2,500分の1ほどの情報量はない）、2,500分の1が大きすぎて扱いに困る場合は逆に50％縮小コピー（貼り合わせてA3程度の大きさにすると見やすい）して5,000分の1程度のスケールにすると、詳細は読み取れるし大きくて見やすいので便利である。

　昔は自治体の都市計画課などにお願いしてコピーしていたが、今は自治体で2,500分の1の地図を販売しているところも多いので、ぜひお住まいの市区町村の担当課に聞いてみてほしい。

　第3章「フットパスのノウハウ」の「正確なマップ」でもお伝えしたようが、再度繰り返すと、2,500分の1の地図を見ただけで以下のようにいいみちを探しだすことができるヒントが探せるという。

・等高線で表示されているところは、里山など旧来からの地形である可能性が高く、みち探しの目安にしやすい。
・詳細な土地利用が表現されているため、その土地の雰囲気がイメージできる。
・道幅が正確に表現されているため、歩くにふさわしい心地よいみちを探すヒントになる。
・みちの曲線の具合やつながり、社寺の存在などから、古くからのみちが読み取れる。
・屋敷地の広さ、建屋の配置、大きさなどから屋敷の古さが読み取れる。空間にゆとりのある家が何軒か連なっていたり、家屋の向きが必ずしも一定でない場合などは古くから住み着いている家である可能性が高い。
・河川の曲がり具合、川沿いの崖地や人工護岸などの様子から、川の環境が想像できる。

　コースづくりはもちろん専門家がいてくだされば心強いが、素人だけでも十

分できる作業である。気になるところは何度も見にいってその近辺にもっといいみちがないか何度も確かめる。1つのコースを決めるのに5〜6回は歩く。思いがけない"いいみち"が見つかったりして下見のほうが楽しい。今でもあちこちのみちを、気のおけない人々数人と巡り歩いたことは、心に残る楽しい思い出である。この過程は心が豊かになるので、このあたりからフットパスにはまる人ははまってしまう。結構いいみちがみつかるものである。

東大癒しの森研究所の斉藤先生は、山中湖村のフットパスをつくるために、まずワークショップを開催されて、山中湖村を4つの部分に分けて、地元の方に参加していただき、その後、マッピング・パーティを行いながら一つひとつコースを確かめておられる。地元の方に一緒に歩いていただいて、最後に地域の集会所で意見の交換会を、地元からの御振舞付きで、行っておられるが、楽しく交流するうちにフットパスつくりが順調に進んでいるようである。

フットパス・マップをつくる

歩くマップで重要なのは、イラストマップではなく、地形図を基にしたマップであることである。そうでないと「歩けない」。2,500分の1、5,000分の1、1万分の1などの地図を基本に、方位、縮尺、高圧線の位置などを地図にしっかり入れ込む。

高圧線は実際に歩いてみると大変頼りになるランドマークである。地図に、すきなみち調査などでチェックした、ビューポイント、ランドマーク、歴史的

「すきなみち調査」

文化的資産、公園緑地、貴重な自然、雑木林、谷戸、途中の休憩所、トイレ、案内板などを書き入れていく。

　ただし、ここで注意してもらいたいことが1つある。書き手はコースを知り尽くしているため、主観で解説してしまいやすい。ウォーカーは初めての土地で右も左もわからないことが多く、解説が正確に伝わらない場合がある。コースの書き手はあくまでも土地勘の全くない人の側に立って、客観的に解説することである。

　マップには順路の番号を振り、その地域の特徴や分岐点を記入するほか、必ずわかりにくいところを解説する。順路に番号を振るのは、言葉の読めない外国人やみちに迷った方でも番号をたどっていけば、終点に着くことができるからだ。マップだけで歩けることが目標である。地元で協力していただけるのであれば番号のところに道標を置くとよいだろう。

　コースを組むうえでもマップをつくるうえでも最も気遣うのがトイレの有無である。起点、コース中、終点に利用可能なトイレがあることが理想だが、この条件が満たされない場合は、コンビニ、カフェ、スーパー、ホームセンターなどの営業店舗を活用する。ただし、借りるだけで済むことができる店舗の場合は、あからさまにトイレ表示はせず、店舗の存在を示す程度にして利用の判断はウォーカー自身に任せるかたちにする。それすら叶わない場合はコース距離を短くしたり、行政レベルで仮設トイレを設置するしかないだろう。

フットパス・サインを整備する

　どんな道標をつくるのか、何を書くのか、道標を立てる目的は何か。

　ただ道案内をすればいいというわけではない。道標は来る人、また地元の方たちとのコミュニケーションの道具でもある。

　私たちがウォークを始めた当時は、まだウォーキングをすることがあまり歓迎されていなかった。私たちが歩くと畑の作物が盗まれたり、缶やゴミが捨てられるというのだ。今では全くそのようなことを言われることはなくなったが、当時はコースを整備するにも、道標1つ立てるにも大変だった。日本のみちはほとんどが赤道（公道の一種）なのでみちを歩くことは法的にも保障されている。しかし人様の畑のまわりを集団で歩くことは、場合によっては問題を

第4章　フットパスのつくりかた

生みだす。そこで私たちは道標1本立てるたびにその周囲の地主さんすべてに挨拶をしてまわり、道標自体にも私たちの利用のカントリーコード（利用のルール・マナー）を書いて、その地域を守ってこられた地主さんたちへの感謝の言葉、私たちの活動の趣旨・団体の電話番号など何かあったときの対応ができるように連絡先を明示した。

　私たちは、道標をウォーカーへの案内としてだけではなく、地主さんや地元の方々に私たちの活動を理解していただくためのもの、と考えた。その結果、私たちの緑地の隣の畑の奥さん方が犬を連れて歩きながら、カントリーコードを読んだりしておられるのを見たりしたが、次第に地元の方々が、私たちを信用してくださっていくのが感じられるようになった。緑地の作業もよく見ていてくださって「よくやってるね」とかゴミを拾っていると感謝の言葉をいただいたりした。

　平松教授によると、イギリスでは「カントリーサイドを歩いていると標識をよく見かけるが、それはイギリスカントリー・サイドのシンボルだという。パブリック・フットパスの標識は、日本の山にあるような単なる方向指示ではない。庶民が「歩く権利」をもつみちであることを意味している。歩行道は、舗

多摩丘陵カントリーコード（憲章）

○ 道から外れ、田畑、樹林、屋敷などに立ち入らないようにしましょう（ほとんどの土地は民有地です）。

○ ゴミを放置せず、必ず持ち帰りましょう。

○ 動植物、山菜、農作物の採取はやめましょう。

○ 地元の方の作業、通行、生活のじゃまにならないよう、心がけましょう。車は駐車場に。アクセスはなるべく公共交通機関を利用しましょう。

○ この素晴らしい風景を維持・管理されている地元の方々への感謝の気持ちを常に忘れないようにしましょう。

○ 地元の方々による田園風景の保全や維持管理活動への支援を考えましょう（経済支援：地元での農産物等の購入、社寺等での賽銭の献納など　労働支援：農作物や里山管理、ゴミの除去作業のお手伝いなど）。

○ この風景を首都圏全体の文化的資産として位置付け、これを皆で守り育て、地域の安定した発展に結びつけるための方法（法制度、施策、事業など）を考えましょう。

NPO法人「みどりのゆび」
042-734-5678

活動の趣旨

装されていない自然のままの耕地や牧場の畦道であり、森や川沿いの細道である」そうだ。どこの国でも道標はコミュニケーションのツールなのである。

道標を立てるとすぐ問題になるのが、抜かれたりいたずらされたりすることである。行政が立ててもそうであって、公園緑地課の担当者も「いつも追いかけっこなんですよ」と嘆かれていた。私たちも最初のうち１回だけそういうことがあった。そこで考えたのは道標を文化性の高いものにすることであった。ドイツの道標の写真を見たことがあるのだが、それは赤頭巾ちゃんの物語をモチーフとした素晴らしい木彫りの彫刻であって、それ自体が芸術である道標であった。このような道標であったら誰も抜いたりいたずらはしないであろうし、その土地の文化が感じられて道標以上の価値を持つと直観的に感じたことを覚えている。

そこで、私たちは小野路の有名な切り通しの道標を、江戸時代の高札の形にして、筆字の候文で「比道は布田道にて、幕末に近藤勇らが通いし道に御座候　是より関屋を経て三町歩で小野路宿に着き申し候」と書きこむことにした。昔の小野路宿の墨絵も貼ったおかげか、この道標は細い支柱に支えられているにもかかわらずいまだに、一度もぬかれたりいたずらされたことはない。ほかの道標は五寸角の太い支柱と、厚い杉板を町田市のえびね苑から分けていただいてお手製としては立派なものをつくることができた。ペンキを塗ったり、達筆な方に文字を書いていただいたり、金属の形抜きで「みどりのゆび」のマークをスプレーしたりした。今ではえびね苑の職員の方に指導していただいたこ

子供たちも参加しての道標づくり

第4章　フットパスのつくりかた　177

とが懐かしく思い出される。

イギリスでは、それぞれの自治体が道標やコースの整備をするよう法で定められている。ナショナルトラストやフットパスを表すロゴは国で定められていてわかりやすく、ロゴを見ると安心する。

イギリスのフットパスにはかなり頻繁に道標があるが、実際に歩いてみたところ、やはりところどころで迷い、人にみちを聞くところとなった。できれば一番いいのは、道標に番号をふりマップにも道標に同じ番号をふって、対応することである。私たちも自分のフィールドでは行っているが、コース数が多くなってくるとなかなか難しいので、「日本フットパス協会」ではマップと道標番号を一致させるシステムを基準化することがいいと思う。

NPO夢連（町田市相原町）の陶器製道標

フットパス・ウォークを開催する

フットパス・コースが決まったらウォークを開催する。最初は仲間内で行い、自信がついたら参加者の公募を始める。募集は、自治体の広報やミニコミ誌などで行う。多くとも30名くらいが引率も楽である。

午前9～10時から昼食をはさんで午後3時くらいまで、8キロメートル前後のウォークが、年配の方も含めて考えると、だいたいどなたにも満足いただけると思う。これで足りない方は、自宅との間を歩いていただくなどすればいいし、逆に大変な方には午前中でお帰りいただくなどの調整ができる。ガイドは付けても、付けなくてもいい。フットパス・ウォークは景観や自然を楽しみながら歩くものなので、是が非でもガイドが必要ではない。ところどころ重要なところで担当者が解説を付けることでいいと思う。

「みどりのゆび」を例にすると、私たちの定例ウォークは月に2～3回、10時からだいたい3時まで歩く。参加費は1,000円で、講師謝礼、レジメ代、保険が含まれる。講師は主に「みどりのゆび」の理事でいろいろな種類のウォークを行っている。

①切り通しの道標
②奈良ばいの道標
③積水ハウスのご寄付によって道標を
　追加—嬉しい企業からの支援

④「日本フットパス協会」の公認道標
⑤甲州市勝沼フットパスの道標

第4章 フットパスのつくりかた　179

例えば、宮田太郎先生の歴史古街道シリーズ、スミレ博士という異名を持つ山田隆彦先生の植物観察、小野路や新撰組の研究で有名な小島資料館小島政孝館長の歴史、元都立大学都市計画学教授の高見沢先生による町田街中トレイル、などなど、一流の専門家によるコースばかりである。先生方が気さくに講師をしてくださるのは本当にありがたい。

第2段階

おもてなしの体制を整える

　震災以後は観光においても「おもてなし」の内容が、大きく変わったように思う。以前は名物商品をつくったり流通に載せるというような経済面ばかりが先行していたが、震災以後、ビジネスから持続可能な社会を生き抜く相互扶助のモードに切り替わった。みやげ物を用意して観光客を待ち受けるようなのはおもてなしとはいえない。

　特にフットパスでは、なにげない人との交流が求められているので、売らんかなという姿勢はそぐわない。また、よっぽどの農産地でもなければ産物を流通して収入を得るよりは、来て食べていただくというスタイルのほうが無理がなく資金源になると思えるので、心をこめたおもてなしが重要になってくる。

　小野路の場合には、金ゴマ、梅干、味噌、地粉の饅頭などが人気商品であるが、ウォークの参加者は、郷土食のお昼をいただいた後、おみやげとして買って帰られ、自分の家で土産話をしながらこれらを味わって二度楽しまれたりするようである。小野路のおもてなしのいいところは、つくられたおもてなしではないことだろう。ここは元から、誰か旅人が来るとゆっくり話をしたり、縁側などにあがって漬物とお茶をふるまったりする風土がある。旅人は小野路の人に会いたくて、何度もリピーターとしてくるのである。ふるさとのような景観と人柄のいい土地の雰囲気が人を呼ぶのであろう。

　小野路のフットパスまつりでは、100人募集、参加費1500円、合計約15万円で、保険料、講師料、レジメ代、昼食代がだいたいツーペイでまかなわれている。内訳は、100人の参加で1人あたり食事代600円、講師料250円、保険料60円、レジメ料90円食くらいの配分である。後は食事づくり、会場設定、ウォー

ク誘導などのボランティア費、お話などの謝礼などであるが、これらの人件費は私たちのNPOのほうで補助している。

フットパス・拠点を整備する

　イギリスのフットパスは、まず車でそのまちのビジターセンターに行き、そこの駐車場（と言っても舗装されているわけではなくて、草の生えた広場のようなところ）に車を置いて、半日から1日そのまちのフットパスを歩くのである。そしてB&Bなどに宿泊して、次の日にまた隣のまちのフットパスを歩くために移動する。したがってビジターセンターのような拠点では、フットパス・マップのほかに、役に立ちそうな資料を頒布しているので、歩く人のためにはなくてはならない拠点である。

　また、地元の方々もビジターセンターに産物を置いたり、ちょっとした食べ物を提供したり、そして地元の人々自身の集会所になったり、コンビニもないところなどでは生活必需品を置いたりしている。場合によっては宿泊も可能になるなど、フットパス拠点は大事なポイントとなっている。

　小野路の場合には、以前、宿場のあった小野路宿の入り口にある名主屋敷「角屋」を町田市が買い取って、地元の意見を取り入れながら2013年にまちづくりの拠点「里山交流館」としてスタートさせた。古い様式を活かした家屋とオープンな雰囲気、運営者の優しい対応のせいであろうか、予想以上の人気で、1日平均150名もの人が訪れており、次第に運営ベースに乗ってくると思われる。

　拠点は道の駅のような公的なところばかりでなく、民間の店舗なども取り込み、食事、ショッピング、トイレなどの利用がスムーズに行えるように、協力をお願いし、またそのような店舗にはお金が落ちるようにしてコースを整えていけば、自然にまちづくりがすすむようになる。小野路の場合には、カフェ・ショパンという西洋式のカフェが交流館と反対側に位置し、交流館からカフェに流れるお客も多い。土、日には本格的なクラシック・ピアノのコンサートが毎週開かれており、小野路のひなびた雰囲気の中で洋風なサロンの集まりを楽しむ人々の人気のスポットとなっている。このカフェから国際的なコンクールで入賞するピアニストが何人も生まれている。

宿泊施設も欲しいところだが、小野路の場合には、最寄の町田駅や鶴川駅からバスで15分ほどで着くことができるため、宿泊をされる方は少ないだろう。しかしながら、町田の中心街は昔ながらの乾物屋などの老舗や、仲見世など面白い店が多く、町田のホテルに宿泊して小野路に通うのもさまざまな町田の面が楽しめておすすめである。

　このように拠点の考え方もコースデザインによって１つではない。民間のお店や地元の人々のご協力を得て皆さんのまちに会うような、喜ばれるような、拠点整備を考えていただきたいと思う。

第３段階

　第２段階までは比較的容易に実現可能であると思われるが、この第３段階からが実は大事なのである。なぜならここからが、まちづくりの柱となる段階であって、フットパスはその礎を築くための役割として重要だからである。地元が環境型のまちづくりを実行できるような経済社会状況を整備することが、フットパスの使命である。

その地域の活性化の方向を考える——農業と商業

　フットパス・ウォークを行って、自分の郷土をよく見直し、外部からの意見に耳を傾けていると次第に、その土地の問題点が浮きあがってくる。行政と市民の間には、共通の認識や活力が育ち、問題を克服するための一歩一歩を実際の行動にうつすことができるようになる。

　このときに安易に観光だけに走るのではなく、根本的な解決に繋がるように、特に農業や商業の建て直しを図れるように考えることが重要である。

　小野路の農業に関する課題は、小野路を訪れる人に提供できる産品を生産販売できる場所とシステムを整備すること、そして里山の谷戸の景観を保全するために、谷戸田を活かした伝統的な農業を再興し、活性化することであった。

　農業を手伝ってみてわかったことは、農産物で流通に乗せるほどに販売を拡大することは、機械化や農薬化を伴わなければならず、安全を求める現代の消費者のニーズには結局合わないということである。

一方、伝統農業は都市住民にとっては安心で安全な食物を得ることにつながり、景観も守ることができる魅力的な活動であるが、農業従事者の人件費が出ないのが問題である。

　最近は小野路に住み込んで農業をしたいという人も多い。特に若い人の間で農業になんらかの形で携わっていたいという人が増えている。農業は若い人にとっては数学的な刺激もあるし、筋トレにもなるので、昔より親近感が持てるのだと思う。例えば有名な通販教材制作会社の理科担当者の若いグループが農家を手伝いに時々訪れ、「くずはき」や薪にする木材の整理など、農家にとっても大変な労働に汗を流しながら、さっぱりした、と笑顔で帰っていくのだ。若い北海道在住の研究者は、薪運びや田の雑草取りを手伝いながら、将来の農業やまちづくり、そしてフットパスに関するインタビューをするために通ってくる。

　私たちと恵泉女学園大学とのCSA事業では、93歳の小野路の古老広瀬儀兵さんを指導者として、ピチピチした女学生や、5歳の男の子もまじえた若い高校教師のご一家などが谷戸の田んぼを再生している。

　町田市も都市住民を里山に導入し、農家に講師料を払って農業のプロを養成する研修農場を開いている。市民農園とはちょっと違う情熱と、迫力のある農場となっている。2年の研修期間を終えた卒業生は、町田市の仲介によって遊休地などを田畑にしてそのまま農業を進めることができ、若い専業農家を目指すファミリーなども定住し始めているということである。この町田市の取り組みは全国初の試みとして注目されている。

担当者を募集する

　たいていフットパスをやってみようとするような地域には、活力のある市民や行政職員が育っているので、その中でリーダーが幾人かすでに育っていると思われるが、限界集落のようなところで、若い人がいないような場合、近隣や都市部から感性のいい若い人材を公募すれば再生のための新しい価値やヒントも発見できると思われる。

　ちょうど総務省が地域おこし協力隊の制度を推進しているので、これも利用しやすいと思う。協力隊員を受け入れようとする自治体が1人受け入れると、年間謝礼上限200万円、活動費上限200万円が3年間財政支援される。その後、

研修を終えた若い担当者はそのままその地域に自然に定住するようになっていくという。
　「日本フットパス協会」でも、時期が熟すれば全国研修を行ったり、地域に赴き支援を行う計画である。

都市住民の導入計画を立てる

　フットパスによって、都市住民や若い人たちが地域を頻繁に訪れるようになったら、この人たちを定期的に来てもらったり、定住できるようにする体制を考える。こういう人たちは農業や漁業などにも興味を持っているはずなので、市など行政が仲介となって働き口や農地、住まいを提供できるように計画を立てる。
　遊休地など土地の貸し借りなども、行政が介在すれば双方が安心して住まうことができるようになり、新しいコミュニティをつくることができる。
　小野路では、町田市が養成する農業研修場などもあり、伝統農業を教えることのできる農家もまだ存在する。若いグループやファミリーが次第に集まってきていて、農家に教えていただいたり指導していただいたりして、将来的にフットパスや農業を楽しめる地域として、小野路は成立するであろう。作物は、小麦、大豆、ゴマ、ジャガイモ、米など昔からつくられてきた伝統的な産物は、土地に会うので選ばれてきたものなので是非続けてほしいと思う。小麦は粉にし、大豆は収穫した後、味噌づくりなども行う。
　2013年には小野路宿に角屋ができて、本格的なまちのマネージメントが始まった。実際、農業を学んだ後は小野路の中に土地を分けてもらって老後を住み着きたいという人が出てきている。食の安全や自給率のことを考えると、日本人全体が多かれ少なかれ農業に手を染めながら生活をしなくてはならなくなる時期もそう遠くないと思われる。

新住民とともに自立更生の生活圏と、新しい経済圏をつくる

　つぎに、地域に訪れ地域を愛するようになった都市住民や若い人が、村に楽しく住み続けることがきるような生活圏をつくることが必要である。新住民が都市に戻ることなく、その地域を愛していかれるように、近隣の中都市を都市

住民や地元の方々にとって魅力的な文化的催しや教養を得られるような都市に再開発する。大企業を呼び込んだり、地元の中小企業を都市的な産業に巻き込むことができ、広域に再開発が進むこととなるであろう。

　フットパスは高い感性で人を惹きつけるものなので、それに魅かれて集まった人々を満足させるような高い水準の文化施設や商業圏をつくりたい。そうすれば、お医者さんもこのような地域に住んでくださるようになり、地域全体が豊かになるであろう。従来とは違った成熟した環境型中都市が全国に広がることとなる。これこそが、フットパス活動が目標とする「日本社会の底上げ」に繋がると思われる。

「日本フットパス協会」の役割

　2012年11月22、23日、「日本フットパス協会」の企画委員会が町田市で開かれた。2009年2月の発足以来、手探りで協会運営進めてきたが、最近協会のあるべき姿というものが固まってきたように思い、運営組織として企画委員会を発足させることになったのだ。忙しい中、北海道から九州まで散らばる企画委員が自腹を切って集まった。

　「日本フットパス協会」はフットパスの効果を確信する町田市、長井市、甲州市、黒松内町の3市1町によって2007年11月、設立準備会が立ち上げられ、2009年2月に設立された。この協会がどのような協会であるのか、何をすべきなのか、第1回企画委員会では改めて明らかになった。

フットパス＝観光ではない

　まず、4年を経て企画委員全員が一抹の不安を感じると問題視したのは、フットパスが観光と混同されることである。この違いは、わかる人には十分理解していただけるが、わからない人にはなかなか伝わらない。わからない人は「フットパスは観光の一部でしょ」と言う。地元のガイドがボランティアで案内する観光のひとつと思われるのであろう。まちづくりとの関係でも、人を集めるイベントの1つとしてしかフットパスを捉えていない。これではフットパスからは何も生まれない。

フットパスは導入することによってさまざまな波及効果が現れる。その1つが観光であったり、農業であったり、商業であったりする。そしてこのさまざまな波及効果は互いに連繋して、まちづくりの礎の一石一石となり、段階的に地元のまちづくりへといざなっていく、「まちづくりの公式」なのである。
　「どんな地域でも、フットパスを始められます。始めてみてください。すると、特徴も資源もないと思われていた地域が本当は他に誇る遺産があることがわかり、それに引き寄せられてその地域を愛する人々が外から集まり、評判の地域となり、経済効果もついてきて、地元が生きいきと動き出し、それがまちづくりになります。その地元だけでなく周囲の都市が変わっていきます」、という構想なのである。
　イギリスのフットパスを愛し、よく訪れておられる方に言われたことがある。「フットパスと観光は絶対違うと思う。フットパスによって後に観光ができてくることはあるけれど、フットパス＝観光ではない」と。
　フットパスによってたくさん人が来るようになって、地元が潤うということはあると思うが、それは従来の観光のように利益をあげることを目的としているのではない。観光になってしまったらその時点でフットパスの魔力は効力を失ってしまうのである。フットパスによって観光が発生したり再生されることはあるが、フットパスにはもっと大きな目標や効果がある。
　従来の観光とフットパスが大きく違うことは、
　①フットパスで出会うことのできる【内容】が多くの人を納得させる本物であること。
　②自分の地域を愛し誇りに思う人たちが【担い手】であること。
　③【利益】は特定の企業や個人だけが得るのではなく、地域全体が利益を得ていると感じられること。
　そして、
　④皆がフットパスの活動を通じて【地域の将来の社会像】を共有できることである。
　「みどりのゆび」の理事長で景観学の権威、東京農大の元学長進士先生はこう教えてくださった。「神谷さん、違うよ。今までの観光行政が間違っていたんだよ。フットパスと従来の観光は違うというより、今は観光がフットパスの

ほうによってきているんだ」と。

フットパスに近づいている各種ウォーキング

「観光がフットパスのほうによってきている」との進士先生のお言葉であったが、いろいろなウォーキングも、フットパスのあり方に近づいてきているように思える。雑誌の座談会で同席させていただいた日本ウォーキング協会の小林さんも「ウォーキングコースを設定するとき、地元の人たちが実際に歩いてみて、気持ちがよいみちか、お手洗いはどうか、近隣の住民に迷惑がかからないかなどと調べることが大切で、よその人に来てもらおうという気持ちになる。そんな活動が全国に根付いていくと、ウォーカーはもっと増えるに違いありません」とおっしゃっておられた。

例えばスリーデイマーチを行った東松山市では、担当者の方が「ウォーキング大会は単に従来の観光イベントではない、車で下見をして観光スポットをつないだコースではウォーカーの支持は得られない」と言われたという。また、大阪の糖尿病専門の福田先生も「糖尿病はずばり生活環境病で、これからの都市再開発には、健康のためにも歩道化整備などの視点が必要です。パリでは廃線の高架を緑地化して歩道にしているし、ボストンではコース別に色分けしたフリーダムトレイルが歩道に描かれている。私の地元の大阪市天王寺では医師会と地域のウォーキング団体が協力してマップをつくり、真田幸村終焉の地、聖徳太子が建てた四天王寺までの５キロメートルなどいくつかコースをつくっています。ウォーキングの眼目は何よりも楽しんで歩くこと。歩きながらコミュニケーションのできる環境をつくれば地域の健康増進にも大いに役立つでしょう」と言われた。あるテレビ番組でも、脳の老化を食い止める若返りの方法として、有酸素運動であるウォーキング、特に周りに関心を持ちながらウォーキングを行なう「ながらウォーキング」が画期的だと放送していた。こうすることによって楽しく課題を行いながら歩行する習慣ができるという。

私たちはフットパスが絶対に正しいと主張しているわけでもなく、名前はフットパスでなくとも何でもいいと思うが、私たちの目指すものを共有してくださるところが全国に増えていけば、日本全体が明るく豊かになるのではないかと信じている。

フットパスを正しく伝える

　大きな自治体や企業が、小さな自治体に指図してそれぞれにコースをつくらせてフットパスという名前にしたとしてもそれは成功しない。これまでにそのような試みがなされてどれほど失敗していったか。本気で取り組もうとする自治体が、地元や市民の力を支援にまちづくりを考えるときに初めてフットパスは成功するのである。

　いいフットパスはいい景観を繋ぐことから、とお伝えしたが、それを「フットパスは簡単だ！　景色のいいところを繋いでみちを作ればいいんだ！」と安易に考えて商品化してしまうと、結局後で人の来ないみちだけができてしまうことになる。このようなみちが増えていくと、フットパス全体の信頼性やフットパスのあり方自体が崩れていってしまう。

　フットパスは、いろいろ似たような取り組みがありながら、なぜ勝算が高いのかといえば、絶妙で高い感性があるからである。しかし難しくはない。

　「日本フットパス協会」はこの感性を広くお伝えする組織である。安易な1地域1コースのつくり方は以上のような意味で大変危険である。協会ではコースの認定による水準の確保を大きな使命としている。

「日本フットパス協会」は会員民主制

　「日本フットパス協会」は自治体間連携を目指すネットワーク組織である。しかし事務局が企画を立てて、それが方針となるということではなく、会員の誰かが1つの事業を発案し、それに賛同する会員がその事業に加わるという、会員民主性のような形で行われている。

　私が大学院の時代は金子郁容氏などのネットワーク社会論が盛んで、新しい時代のネットワーク型組織はどのようにすれば成功するのかを学ぶ機会に恵まれた。

　既存の組織を1つの大きな組織にまとめるのは大変難しい。従来の概念の枠で出来上がった組織をそのまま連携させるのは難しい。新しい概念のもとに、現在活発に活動している構成員に参加してもらって、一人ひとりが対等な立場に立って交流をすることが、ネットワークのシステムを支える基本であると学んだのだ。そして、ネットワークのリーダーとしては、ボス型ではなく、皆の

間を取り持つ世話人型のタイプでないと、その組織は成長しない。

　「日本フットパス協会」の発起人の面々を見てみると、この意味で期待がもてる。長井市、甲州市、黒松内町、町田市と、それぞれがフットパスの経験者で活動を活発に行っており、行政を支える市民活動も盛んで、自治体全体に意思の統一が取れているので勢いもあり、達成度が高い。黒松内町3,000人、長井市30,000人、甲州市37,000人、町田市41万人と、人口には差があるが、そんなことは関係なく、1つの自治体の代表として皆誇りを持って対等に発言を行っている。協議を何度か行っているうちに友人として打ち解け、ネットワーク型組織のいい連帯感が生まれている。

　現在協会の会長となっている町田市は温厚でおとなしい自治体なので、世話人型リーダーとしては、よいのではないかと考える。「町田ではいつも暖かく受け入れてくださる」と言ってくださる他自治体の方も多く、「友達」として暖かいお付き合いがあるようだ。日経新聞の岩崎さんも「町田のような自治体がやるというところが意味がある」とのご意見だったし、経団連も「町田市にがんばってほしい」と言ってくださったとのことである。町田は今回の過程で他の自治体や国との交流を持ついい勉強をし、新たな自信を得たように思える。「日本フットパス協会」の会長は担当自治体で持ち回りとなるが、その都度、優しくて実力のあるリーダーが育つことを願っている。

自分の地域を自慢できる会

　「日本フットパス協会」のもう1つの特徴は、メンバーが自分の自治体や地域のことを「一番いい」と堂々と自慢し合っていいことである。強いていえばそれこそが協会の目的なのである。自分の地域、自分の森を一番いいところだ、美しいところだ、と思う自治体や人々が、そのいいところをアピールして、お互いに訪ね合う。その土地の人間が自慢できないようなところにいいところなどありはしない。日本中の自治体や住民が、自分の地域を誇りに思うようになれば、それだけで日本の底力は上がってくるであろう。

フットパスは営利目的ではない

　次にお伝えしたいことは、フットパス自体は、営利を目的にしたものではな

いことである。もちろん、フットパスをしているうちに、訪問者が多くなりその結果、地元にお金が落とされるようになるのは素晴らしいことであり、私たちも経済的に地元が活性化することを1つの目標としている。

しかし、環境団体がよく資金を得るために、ISOのような環境ライセンスや資格検定を販売することがあるが、「日本フットパス協会」は、そのような何か特権を保有してそれを切り売りするような団体ではない。協会認定のフットパスという制度を設けようとはしているが、フットパスの質を維持するためである。

また「日本フットパス協会」は、単にフットパスの整備をしたり、道標やみちの基準化を図ったり、自治体間の連携を図るのが仕事ではない。協会の第1の使命は、フットパスのまちづくりのノウハウやプロジェクトの進め方の手順などをご希望の自治体に「お伝え」することである。できる限り多くの地域に私たちが得たノウハウをお伝えし、それを活かして日本全国が隅々まで活性化していくことが目的である。日本の各地でフットパスによる活性化が起きてくれば、自然に連携ははかれるのである。

あちこちの自治体で活性化が進み、連携していけば、そこに人のフロウができ、経済のフロウができ、資金づくりの種もできて、自然に日本全体が活性化するだろう。

目標はナショナルトラスト

「日本フットパス協会」はまだまだ事務局すら運営していく経済基盤もできていないが、イギリスのナショナルトラストやランブラーズ協会も今のような形になるのに100年ほどかかっているので、急ぐことはないと私は考えている。

しかし私としては、いずれ英国ナショナルトラストのように、最終的に資産を持てる組織になってほしいと願っている。フットパスは危機に瀕している景観を救うことが必要であるし、地主さんたちや地元が潤うことが重要なポイントなのでこのための経済的手段をつくらなければならない。ナショナルトラストは会員数400万人、年会費40ポンド（約9,000円）と莫大な組織であり、会費だけでも土地の購入が可能である。このほかに、トラストの現場でのレストランやショップ、宿の経営、貴族など地主からの寄付など収入の間口は広い。

日本の場合には震災以後寄付行為に対する価値観が変わり、今後は欧米のように寄付に期待できるようになると思われる。イギリスの貴族のように自分の土地を寄付するなどということも珍しくなくなるかもしれない。私は、市民からのフットパス募金（残したい緑地を購入するために、フットパス＝足跡が入る30cm平米の土地購入分として2,000円を募金していただく）や、企業の協力による緑のベルマーク基金（朝日のベルマークと同じ手法）の設立なども視野に入れている。

　将来、ナショナルトラストのように緑を購入する機会がきても、協会は自治体を主体に構成されているので、緑の購入に国からの補助金制度があったり、起債による計画的な購入が可能になったり、民間よりもはるかに効率よく緑が獲得できると思っている。

　さて、最後に私の考える今後の「日本フットパス協会」の活動内容を記したい。

① 各地のフットパスの成功例を集めてノウハウを構築する
② 成功例を広報する
③ ノウハウを資料などにして希望の自治体に伝達する
④ フットパスはハイセンスなみちづくりが鍵なのでそのコンサルができる人材を送る
⑤ 各地の若きリーダー養成の研修を組む
⑥ フットパスを実施している各地を視察し交流する機会をつくる。本場英国にも研修に行く
⑦ 各地を繋ぐ周遊コースをつくる
⑧ 各地を繋ぐフットパスの整備や道標などの基準化を行い、フットパスをめぐりやすくする
⑨ フットパスの各地周遊に付随する施設、おもてなしのシステムをつくり、運営する。もしくは運営してもらう
⑩ フットパスまちづくりによって派生する農業や商業開発のモデルつくりを行い、ノウハウを伝える
⑪ 各地の農業やまちづくりに都市住民を参加させる

⑫各地に住み着いた都市住民が楽しめるような地方都市を再開発し、企業の活性化を図る

⑬英国ナショナルトラストのように実際に緑地を購入して担保するような資産力を持つように基金や募金体制を整備する

このように書いてきて、まんざら遠い夢ではないと改めて思う。

あなたのフットパスを登録されませんか？

　私たちNPO法人「みどりのゆび」では、全国にフットパスが広がることを期待して、皆様からお気に入りのフットパスコースを募集しています。応募されたフットパスは「日本フットパス協会」において評価した後、広報やお客様のご案内をさせていただきます。皆様のお気に入りのフットパスをどしどしお送りください。

【送付先】〒198-0053　東京都町田市能ヶ谷7-38-10
NPO法人「みどりのゆび」
電話：042-734-5678　FAX：042-734-8954
メールアドレス：info-m@midorinoyubi-footpath.jp

【お送りいただきたい内容】
●お名前
●ご住所、連絡先（電話番号、メールアドレス）
●ご所属（自治体・NPOなど）
●フットパスの名称
●起点・終点、全体の距離
●最寄り駅までのアクセス
●そのフットパスの山となるところ（楽しみ・景観など）　※お写真も
●そのフットパスのおいしいもの（食事・スイーツなど）　※お写真も
●ビューポイント　※お写真も
●このフットパスの自慢
●地図

貴方のフットパス登録フォーマット

お名前

ご住所：連絡先（電話、メール）

所属（自治体、NPOなど）

フットパス

 フットパスの名称

 起点

 終点

 一山（そのフットパスの楽しみ、景観）写真も

 一食（そのフットパスのおいしいもの）写真も

 ビューポイント

 このフットパスの自慢

 最寄駅までのアクセス

地図

おわりに

　フットパスと一口に言っても、この言葉に含まれる奥深い意味はなかなか伝わらない。そこでこれまで「みどりのゆび」として取り組んできたフットパスの概念を本にしたらどうかというご提案をいただいた。フットパス自治体の仲間の担当者の方々も一緒に書いてくださった。

　私たちが皆様にお伝えしたかったのは、今の日本はまだまだ決して悲観的ではなく、フットパスというメガネをかけると非常に身近なところに希望の種がいくつもあることがわかり、それを自分たちで育てていくことができ、しっかり根付いた立派な日本を子供たちに残してやれることである。

　ほかにもいろいろな方法論があると思われるが、とにかくお金もかからず失敗もなく、新住民も旧住民も共に心から楽しみながら手軽に始められるまちづくりということでフットパスはお勧めである。その意味では一緒に書いてくださった皆さんも同意見でおられると思う。皆さん、フットパスには多かれ少なかれ何か大きな力を感じておられる。

　私は地方自治が好きだ。父も叔父も旧自治省であったので門前の小僧よろしく地方自治が体に染み付いている。小さいときから父の転勤で全国の地方を巡り、地方行政の現場を肌で感じながら育った。父は三全総盛んなりし時代に仙台湾開発の企画や土木を手懸けた。1カ月のうちに父の顔を見る日はほとんどないほど毎晩遅くまで高度成長期の日本の勢いがあった。また東京に戻ると狭い官舎アパートだったがよく、叔父をはじめ、後の武村正義滋賀県知事や小寺弘之群馬県知事など青年官僚の方々が、我が家にいらして夜遅くまで地方自治の高き理想について熱く議論されていた。つまみをつくる母の手伝いをしながら子供ごころにも何かわくわくしたものだ。大学では国連で仕事がしたいと国際関係の大学院に行ったが、やはり一番興味があるのは自分の地域や国の問題であることに気がついた。20年程前からひょんなことで緑という全く異分野の問題と出会うことになったが、結局それもまちづくりへの方向へと持ってきてしまった。まちづくりのことだと難しいことはわからなくともどちらに風が吹いていて今何をすればいいのかが感じられる。

フットパスは20年ほど前から地元で地道に活動し、試行錯誤を繰り返して到達したもので、この経緯がイギリスのフットパスが草の根的に出現した経過に似ていると農大の麻生教授が教えてくださり、この活動をフットパスと名づけた。その後小野路で期待以上に成果があがったので、なんらかの方法で過疎化に悩んでいる村落にこの手法をお伝えすることができ、フットパス活動を行っている地域が連携することができれば、日本全体が活性化するのではと考えた。

　他のフットパス仲間の自治体もだいたい同じ頃スタートし、同じような経過をたどっている。この意味で「日本フットパス協会」の設立が、フットパスを先進的に取り入れた3市1町によって実現された勇気と行動力には本当に大きな期待がよせられるのである。

　私の手前勝手な話にうんざりされた方もあるかもしれない。

　しかし、フットパスを推進する者は皆こうなのである。どのフットパス自治体の担当者も他のまちのいいところを認めながら実は自分のまちを一番愛しており一番いいと思っている。こうでなければならない。フットパスとは自分の森を愛し、自分のまちを愛することである。住んでいる人が自信をもてるようなまちが、日本全国隅々まで広がればこれほど強い国家はないであろう。

　今日本の政治は入れ替わりが激しいが、どんな政権になろうとも、日本の各地で自分のまちを守る良識のある人々が構えていればどんな有事にも耐えられるであろう。武力や権力よりも皆が豊かに生活できる国になることこそが今一番求められているのだと思う。

　「日本フットパス協会」の設立を迎えるまで、普通では私などお目にかかることのできないような、雲上の方々にご厚情をいただいたことを最後に心から感謝申し上げたい。なんといっても嬉しかったのはトヨタ自動車の豊田達郎様にお目にかかる稀有な機会を得たことがあって、さらにその上に、私のフットパスについての想いを述べさせていただくと「しっかりした考えですね、がんばってください」とおっしゃっていただいたことである。これを一生の宝としている。また「日本フットパス協会」の名誉会長を引き受けてくださった石原信雄様、「日本フットパス協会」の設立や運営にご協力いただいた当時の総務省の瀧野事務次官、椎川自治財政局長、武居地域力創造審議官、地域自立応援

課長、長井市のシンポジウム以来ご縁で暖かく応援してくださった国交省の野田様、東日本大震災復興トレイルの関係でお世話になっている環境省の皆様、この難しい企画を理解してくださり助成してくださったトヨタ自動車、日本財団、三井物産等々の助成団体の皆様、難しい内容をわかりやすく市民にお伝えくださったマスコミの皆様にただならない御厚情を深く御礼申し上げたい。

　また、「日本フットパス協会」会長市の町田市、副会長の甲州市、長井市、黒松内町、行方市、監事の川西町をはじめ、同志の２市２町のフットパス関連の皆様には、理想を諦めないたゆまない情熱と暖かなお心をいただきどれほど励ましていただいているかわからない。

　「日本フットパス協会」を立ち上げようと言いだした張本人の篠田さん、「みどりのゆび」の看板となってくださってきた進士理事長、危なげなここまでの道を支えてくださった「みどりのゆび」の理事の皆様、15年以上にわたって陰日なたと一緒に行動してきてくださった安藤さん、尾留川さん、木田さん、を初め町田市役所の皆々様、親戚以上のお付き合いの小野路の皆様、人柄も能力もこれ以上ない事務局の鈴木郁子さん、鈴木ヒロ子さん、田邊さん、坂本さん、鮎田さん、根津さんなど事務局の皆様、一つひとつ礎の石を積み上げてくださった過去の事務局の方々、そして大事な会員の皆様、ここに載せられないほどの多くの皆様のご厚情は忘れがたく、感謝の念は尽きない。

　一緒にこの本を書いてくださった共著の皆様、お付き合い大変嬉しくありがたく存じました。

　私の知的環境的資産を備えてくれた両親、寂しくともじっと支えてくれた子供たちと夫には言うべき言葉もありません。

　最後に心をこめて、この拙文を本にする稀有な機会をくださった水曜社の仙道社長と辛抱強く励ましながら編集を見守ってくださった福島由美子さんに特に御礼を申し上げます。

神谷　由紀子

編著者：神谷 由紀子（かみや ゆきこ）

上智大学卒。1992年居住する町田市北部に残る多摩丘陵を保全するフットパス活動を開始。1997年「鶴川地域まちづくり市民の会」結成（代表）。町田市のまちづくりに参画。1999年より「多摩丘陵フットパスマップ１・２」、「まちだフットパスガイドマップ１・２」を出版。2002年には特定非営利活動法人「みどりのゆび」として東京都より認証。理事兼事務局長。全国のフットパス先進自治体と共に「日本フットパス協会」設立に関与した。以後、協会理事を務める。

フットパスによるまちづくり　──地域の小径を楽しみながら歩く──

発行日　2014年5月29日　初版第一刷発行

編著者　神谷 由紀子
発行人　仙道 弘生
発行所　株式会社 水曜社
　　　　〒160-0022 東京都新宿区新宿1-14-12
　　　　TEL03-3351-8768　FAX03-5362-7279
　　　　URL www.bookdom.net/suiyosha/
印　刷　日本ハイコム 株式会社

©KAMIYA Yukiko, 2014, Printed in Japan　　ISBN978-4-88065-321-1 C0036

本書の無断複製（コピー）は、著作権法上の例外を除き、著作権侵害となります。
定価はカバーに表示してあります。乱丁・落丁本はお取り替えいたします。

文化と まちづくり 叢書　地域社会の明日を描く──。

医学を基礎とするまちづくり
Medicine-Based Town
細井裕司・後藤春彦 編著
2,700 円

文化資本としてのデザイン活動
ラテンアメリカ諸国の新潮流
鈴木美和子 著
2,500 円

障害者の芸術表現
共生的なまちづくりにむけて
川井田祥子 著
2,500 円

文化と固有価値のまちづくり
人間復興と地域再生のために
池上惇 著
2,800 円

愛される音楽ホールのつくりかた
沖縄シュガーホールとコミュニティ
中村透 著
2,700 円

文化からの復興
市民と震災といわきアリオスと
ニッセイ基礎研究所
いわき芸術文化交流館アリオス 編著
1,800 円

チケットを売り切る劇場
兵庫県立芸術文化センターの軌跡
垣内恵美子・林伸光 編著
佐渡裕 特別対談
2,500 円

文化財の価値を評価する
景観・観光・まちづくり
垣内恵美子 編著
岩本博幸・氏家清和・奥山忠裕・児玉剛史 著
2,800 円

官民協働の文化政策
人材・資金・場
松本茂章 著
2,800 円

公共文化施設の公共性
運営・連携・哲学
藤野一夫 編
3,200 円

固有価値の地域観光論
京都の文化政策と市民による観光創造
冨本真理子 著
2,700 円

企業メセナの理論と実践
なぜ企業はアートを支援するのか
菅家正瑞 監修 編・佐藤正治 編
2,700 円

創造都市と社会包摂
文化多様性・市民知・まちづくり
佐々木雅幸・水内俊雄 編著
3,200 円

全国の書店でお買い求めください。価格はすべて税別です。